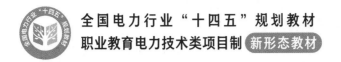

全国电力行业"十四五"规划教材
职业教育电力技术类项目制 新形态教材

电气控制系统
安装与调试

DIANQI KONGZHI XITONG
ANZHUANG YU TIAOSHI

主编　尹向东　吕　达

参编　李雅妮　李　科　冯　毅　杨雪霏

主审　张继东　李　松

中国电力出版社
CHINA ELECTRIC POWER PRESS

内 容 提 要

本书为全国电力行业"十四五"规划教材。

全书以国家电工职业标准为依据，遵循岗位相关技术规范，符合职业技能培训要求，由基础知识与能力、继电控制电路的装调与维修、生产实践训练项目、机床电气控制电路调试与维修、电路设计与安装 5 大模块、29 个项目贯穿而成。每章突出继电控制系统安装与调试，要求学生能从安全专业的方式规划、安装、调试电气线路，对控制逻辑能够正确分析问题、解决问题，熟练掌握各类电气开关、传感器在工业控制领域中的应用，提高电工岗位的操作技能，养成良好的职业道德意识，培养学生的职业技能与创新能力，提升学生的综合素质打下坚实的基础。每章附有拓展阅读，有机融合思政元素，挖掘学生爱岗敬业、专注细致的崇高职业目标。本书的数字资源丰富，从"岗""课""思""赛""证""创"六方面深入探究，每一模块之后可以扫码学习、巩固自测相应的职业技能练习题、考核题。开发了配套的教学资源，包含 PPT 教学课件、讲座视频、知识点微课、项目实操短视频等。

本书既可作为高职高专院校和应用型本科机电类的实训教材，也可作为岗前培训、职业认定的参考书。

图书在版编目（CIP）数据

电气控制系统安装与调试/尹向东，吕达主编 .—北京：中国电力出版社，2024.4（2024.6 重印）
ISBN 978 - 7 - 5198 - 8850 - 3

Ⅰ.①电…　Ⅱ.①尹…②吕…　Ⅲ.①电气控制系统－安装②电气控制系统－调试方法
Ⅳ.①TM921.5

中国国家版本馆 CIP 数据核字（2024）第 079927 号

出版发行：中国电力出版社
地　　址：北京市东城区北京站西街 19 号（邮政编码 100005）
网　　址：http://www.cepp.sgcc.com.cn
责任编辑：冯宁宁（010 - 63412537）
责任校对：黄　蓓　王海南
装帧设计：赵姗杉
责任印制：吴　迪

印　　刷：北京九天鸿程印刷有限责任公司
版　　次：2024 年 4 月第一版
印　　次：2024 年 6 月北京第二次印刷
开　　本：787 毫米×1092 毫米　16 开本
印　　张：16
字　　数：308 千字
定　　价：48.00 元

前　言

　　电气控制系统的安装与调试实训是高职高专电气、机械、数控等相关专业必修的实训教学项目，也是中、高级电工国家职业技能等级认定所必需的训练项目之一，是将所学的理论知识运用到实践当中解决实际问题的重要教学环节。

　　本书结合党的二十大报告中加快建设国家战略人才力量，努力培养造就更多大师、一流科技领军人才和创新团队、青年科技人才、卓越工程师、大国工匠、高技能人才的精神，以国家电工职业标准为依据，遵循岗位相关技术规范，符合职业技能培训要求，由5大模块、29个项目贯穿而成。本书突出继电控制系统安装与调试，要求学生能以安全专业的方式规划、安装、调试电气线路，对控制逻辑能够正确分析问题、解决问题，熟练掌握各类电气开关、传感器在工业控制领域中的应用，提高电工岗位的操作技能，养成良好的职业道德意识，培养学生的职业技能与创新能力，提升学生的综合素质打下坚实的基础。

　　本书具有如下创新点："岗"是人才培养的导向，"课"是人才培养的主要载体，"赛"是人才培养的示范和标杆，"思"是人才培养的引领与塑造，"证"是人才培养的评价和检验，"创"是人才培养的高质量、多维度专创融合的可持续发展动力。本教材采用理实一体化教学方法，重点培养实际操作与应用能力，在内容选择上，以国家人社部——电工职业标准的岗位能力要求为出发点，引导学生在熟悉低压电器的基本结构、工作原理、技术参数、选择方法和安装要求的基础上，对电气控制系统的安装与调试能力随着项目的层层递进逐步提高。

　　本书的数字资源素材符合线下讲练、线上培训相结合，打造自主学习的平台。每一模块之后可以扫码学习、巩固自测相应的职业技能练习题、考核题。开发了配套的教学资源，包含PPT教学课件、讲座视频、知识点微课、项目实操短视频等。开发并实现实训场景和学习的融合，积极探索多种学习模式。

　　本书由包头职业技术学院尹向东、吕达主编，包头职业技术学院李雅妮、李科、冯毅及北方重工集团杨雪霏参编，全书由包头职业技术学院电气工程系张继东主审，北方重工集团高级工程师、全国技术能手李松也对全书进行了审阅。其中，模块2的训练项目6~9、模块3的实践项目5~7、模块5的设计项目1和拓展项目由尹向东编写，模块1的学习项目1、模块2的训练项目1~5、模块3的实践项目1~4、模块5的设计项目4和附录D由吕达编写，模块4的维修项目1~6、模块5的设计项目1和附录F由李雅妮编写，模块1的学习项目2、模块5的设计项目3和附录A、B、E由冯毅编写，模块5的设计项目2和附录C由杨雪霏编写，每个模块中拓展阅读的思政案例均由中共党史专业博士李科编写，其中模块5的拓展项目的电子图绘制、部分实操视频录制与编辑由吕达创新工作室创新科研部刘亮同学负责，部分扫码仿真动画资源由博努力（北京）仿真技术有限公司提供。在编写过程中得到多位教师同仁、企业专家的帮助，提出了许多宝贵意见和建议，在此深表谢意。

本书既可作为高职高专院校和应用型本科机电类的实训教材，也可作为岗前培训、职业认定的参考书。

由于编者水平有限，书中难免有疏漏之处，真诚希望广大读者批评、指正。

编　者
2024 年 3 月

目　　录

模块1

基础知识与能力

学习项目 1　常用继电控制器件的识别与选用

为了生产销售、管理和使用方便，我国对各种低压电器都按规定编制型号，低压电器的全型号即由类别代号、组别代号、设计代号、基本规格代号和辅助规格代号几部分构成。每一级代号后面可根据需要加设派生代号。产品全型号的意义如图 1-1 所示。

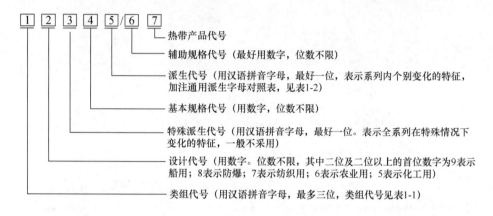

图 1-1　产品全型号的意义

低压电器全型号各部分必须使用规定的符号或数字表示，其含义为：

（1）类组代号包括类别代号和组别代号，用汉语拼音字母表示，代表低压电器元件所属的类别，以及在同一类电器中所属的组别。

（2）设计代号用数字表示，代表同类低压电器元件的不同设计序列。

（3）基本规格代号用数字表示，代表同一系列产品中不同的规格品种。

（4）辅助规格代号用数字表示，代表同一系列、同一规格产品中的有某种区别的不同产品。

其中，类组代号与设计代号的组合表示产品的系列，一般称为电器的系列号。同一系列的电器元件的用途、工作原理和结构基本相同，而规格、容量则根据需要可以有许多种类。

例如：JR16 是热继电器的系列号，同属这一系列的热继电器的结构、工作原理都相同；但其热元件的额定电流从零点几安到几十安，有十几种规格。其中辅助规格代号为3D 的有三相热元件，装有差动式断相保护装置，因此能对三相异步电动机有过载和断相保护功能。低压电器产品型号类组代号及派生代号的意义见表 1-1 和表 1-2。

表 1-1　　　　低压电器产品型号类组代号的意义

代号	名称	A	B	C	D	G	H	J	K	L	M	P	Q	R	S	T	U	W	X	Y	Z
H	刀开关和转换开关				刀开关	封闭式负荷开关			开启式负荷开关					熔断器式刀开关	刀形转换开关				其他		组合开关
R	熔断器			插入式		汇流排式				螺旋式	封闭管式				快速	有填料管式		限流	其他		
D	自动开关										灭磁				快速		框架式	限流	其他		塑料外壳式
K	控制器					鼓形						平面				凸轮			其他		
C	接触器					高压		交流				中频			时间	通用			其他		直流
Q	起动器	按钮式		磁力					减压						手动		油浸	星三角	其他		综合
J	控制继电器									电流		热			时间	通用	温度		其他		中间
L	主令电器	按钮							接近开关	主令控制器					主令开关	足踏开关	旋钮	万能转换开关	行程开关	其他	
Z	电阻器		板形元件	冲片元件	铁铬铝带型元件	管形元件									烧结元件	铸铁元件		电阻器	其他		
B	变阻器			旋臂式						励磁		频敏	起动		石墨	起动调速	油浸起动	液体起动	滑线式	其他	
T	调整器				电压																

续表

代号	名称	A	B	C	D	G	H	J	K	L	M	P	Q	R	S	T	U	W	X	Y	Z
M	电磁铁												牵引					起重		液压	制动
A	其他		触电保护器	插销	灯		接线盒			电铃											

表 1 - 2　　　　　　　　低压电器产品型号派生代号的意义

派生字母	代 表 意 义
A、B、C、D、…	结构设计稍有改进或变化
C	插入式
J	交流、防溅式
Z	直流、自动复位、防震、重任务、正向
W	无灭弧装置、无极性
N	可逆、逆向
S	有锁住机构、手动复位、防水式、三相、三个电源、双线圈
P	电磁复位、防滴式、单相、两个电源、电压的
K	保护式、带缓冲装置
H	开启式
M	密封式、灭磁、母线式
Q	防尘式、手车式
L	电流的
F	高返回、带分励脱扣
T	按（湿热带）临时措施制造
TH	湿热带
TA	干热带

低压电器的用途广泛，功能多样，种类繁多，结构各异。常用低压电器的分类见表1-3。

表 1 - 3　　　　　　　　常用低压电器的分类

分类方法	类 别	说 明	举 例
按低压电器的用途和所控制的对象	低压配电电器	主要用于低压配电系统及动力设备中电能的输送和分配的电器	低压开关、低压熔断器、断路器等
	低压控制电器	主要用于电力拖动及自动控制系统中各种控制线路和控制系统的电器	接触器、起动器、控制继电器、控制器、主令电器、电阻器、变阻器、电磁铁、保护器等

续表

分类方法	类　别	说　明	举　例
按低压电器的动作方式	自动切换电器	依靠电器本身参数的变化或外来信号的作用自动完成接通或分断等动作的电器	接触器、继电器等
	非自动切换电器	主要依靠外力（如手控）直接操作来进行切换的电器	按钮、低压开关等
按低压电器的执行机构	有触点开关电器	具有可分离的动触点和静触点，主要利用触点的接触和分离来实现线路的接通和断开控制	接触器、继电器等
	无触点开关电器	没有可分离的触点，主要利用半导体元器件的开关效应来实现线路的通断控制	接近开关、固体继电器等

一、低压断路器

低压断路器又称自动开关、空气开关，是低压配电网络和电力拖动系统中非常重要的一种电器。当电路发生故障时能自动切断电路，有效地保护串接在它后面的电气设备。在正常情况下，用于不频繁地接通和断开电路及控制电机运行状态。常见的故障保护功能有过电流（含短路）保护、欠电压保护、过载保护等。由于使用方便、操作安全、工作可靠，因此是目前使用最广泛的低压电器之一。

（1）低压断路器按照结构形式分为框架式和塑料外壳式两大类。框架式断路器为敞开式结构，适用于大容量配电装置；塑料外壳式断路器的特点是外壳用绝缘材料制作，具有良好的安全性，广泛用于电气控制设备及建筑物内作电源线路保护。

低压断路器由触点系统、灭弧装置、各种可供选择的脱扣器与操作机构、自由脱扣机构等部分组成。低压断路器所装脱扣器主要有电磁脱扣器（用于短路保护）、热脱扣器（用于过载保护）、失压脱扣器以及由磁和热脱扣器组合而成的复式脱扣器。

（2）低压断路器类型包括：DW15、DW16、DW17、DW15HH 等系列万能式断路器，DZ5、DZ10、DZ20、DZ47 等系列塑壳式断路器，带漏电保护功能的 DZL18、DZL19、DZ47LE 等系列漏电断路器。

（3）低压断路器的选用：

1）根据线路对保护的要求确定断路器的类型和保护形式，确定选用框架式或装置式。

2）低压断路器额定电压和额定电流大于等于线路的正常工作电压和计算负载电流。

3）热脱扣器的整定电流应等于所控制负载的额定电流。

4）电磁脱扣器的瞬时脱扣整定电流应大于负载正常工作时可能出现的峰值电流。

5）用于控制电机的断路器，其瞬时脱扣整定电流可按下式选择，即

$$I_Z \geqslant KI_{St}$$

式中　K——安全系数，可取 1.5～1.7；

　　　I_{St}——电动机的启动电流。

6）欠电压脱扣器额定电压应等于线路额定电压。

7）断路器的极限通断能力应不小于线路最大短路电流。

8）配电线路上、下级保护特性应匹配。

9）断路器的长延时脱扣电流应小于导线允许持续电流。

（4）DZ5 系列塑料外壳式断路器型号意义如下：

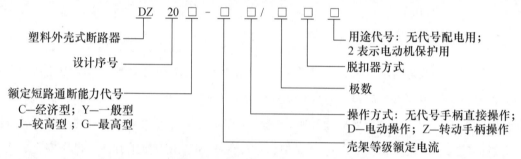

DW 系列万能式低压断路器型号意义如下：

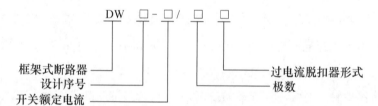

部分断路器名称、型号及规格见表 1-4，具体使用可参阅各生产厂家产品目录。

表 1-4　　　　　　　　　　　部分断路器名称、型号及规格

产品名称	型号	脱扣器额定电流（A）
DZ20 塑壳式断路器	DZ20C-160	
	DZ20Y-100	
	DZ20J-100	16、20、32、 40、50、63 80、100、200
	DZ20G-100	
	DZ20C-250	
	DZ20Y-200	
	DZ20J-200	

续表

产　品　名　称	型　　号	脱扣器额定电流（A）
DZ47 小型断路器 	DZ47-63C 型 1P	1～5
	DZ47-63C 型 1P	6～32
	Z47-63C 型 1P	40～63
	DZ47-63C 型 2P	1～5
	DZ47-63C 型 2P	6～32
	DZ47-63C 型 2P	40～63
	DZ47-63C 型 3P	1～5
	DZ47-63C 型 3P	6～32
	DZ47-63C 型 3P	40～63
	DZ47-63C 型 4P	1～5
	DZ47-63C 型 4P	6～32
	DZ47-63C 型 4P	40～63
	DZ47-100　1P	63～100
	DZ47-100　2P	63～100
	DZ47-100　3P	63～100
	DZ47-100　4P	63～100
DZ47LE 漏电断路器 	DZ47LE　1P＋N	40～63
	DZ47LE　2P	6～32
	DZ47LE　2P	40～63
	DZ47LE　3P	6～32
	DZ47LE　3P	40～63
	DZ47LE　3P＋N	6～32
	DZ47LE　4P	40～63
	DZ47LE　4P	6～32

二、熔断器

熔断器是低压配电网络和电力拖动系统中最简单、最常用的一种安全保护电器，广泛应用于电网及用电设备的短路保护或过载保护。当线路或电气设备发生短路或严重过载时，通过熔断器的电流达到或超过了某一规定值时，熔体熔断自动切断电路，从而使线路或电气设备脱离电源，起到保护作用。

1. 主要技术参数

熔断器的主要技术参数有额定电压、额定电流、极限分断能力等。

熔断器的额定电压是指熔断器长期正常工作时能够承受的电压。其额定电压值一般等于或大于电气设备的额定电压。

熔断器的额定电流是指熔断器长期正常工作时的电流，各部件温升不超过规定值时所能承受的电流，它与熔体的额定电流是两个不同的概念。熔断器的额定电流等级比较少，熔体的额定电流比较多，通常一个额定电流等级的熔断器可以配用若干个额定电流等级的熔体，但熔体的额定电流最大不能超过熔断器的额定电流值。

熔断器的极限分断能力通常是指熔断器在额定电压及一定功率因素条件下，能分断的最大短路电流值。在电路中出现的最大电流值一般是指短路电流值。因此，极限分断能力也是反映了熔断器分断短路电流的能力，体现了短路瞬间保护特性。

熔断器对过载反应是很不灵敏的，当电气设备发生轻度过载时，熔断器将持续很长时间才熔断，有时甚至不熔断。因此，熔断器一般不宜作为过载保护，主要作为短路保护。

2. 常用的熔断器类型

常用的熔断器类型有瓷插式熔断器 RC1A 系列、无填料封闭管式熔断器 RM10 系列、有填料封闭管式熔断器 RT0 系列、螺旋式熔断器 RL1 系列、快速熔断器 RS 系列、自复式熔断器 RZ1 系列。

3. 熔断器的选择

额定电压选择为

$$U_N \geqslant U_{max}$$

式中　U_N——熔断器额定电压；

　　　U_{max}——被保护线路工作电压。

额定电流选择：熔断器的额定电流应大于或等于熔体的额定电流。

熔体额定电流选择：

（1）负载较平稳，无尖峰电流，如照明电路电阻电路负载出现尖峰电流，则

$$I_{RN} \geqslant I_N$$

式中　I_{RN}——熔体的额定电流；

　　　I_N——负载的额定电流。

（2）保护单台电动机时，有

$$I_{RN} \geqslant (1.5 \sim 2.5) I_N$$

式中　I_N——电动机额定电流。

（3）保护多台电动机时，有

$$I_{RN} \geqslant (1.5 \sim 2.5)I_{max} + \sum I_N$$

式中 I_{max}——最大一台电动机额定电流；

$\sum I_N$——其余电动机额定电流之和。

4. 熔断器的型号及意义

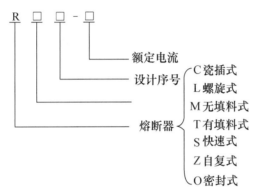

部分熔断器名称、型号及规格如表 1-5 所示，具体使用可参阅各生产厂家产品目录。

表 1-5 部分熔断器名称、型号及规格

产 品 名 称	型 号
RTO 有填料管式熔断器（体）	RTO-50
	RTO-100
	RTO-200
	RTO-400
	RTO-600
	RTO-1000
RTO 有填料管式熔断器（座）	RTO-50
	RTO-100
	RTO-200
	RTO-400
	RTO-600
	RTO-1000
RT14 圆筒帽形熔断器（体）	RT14-20
	RT14-32
	RT14-63

产 品 名 称	型　　　号
RT14 圆筒帽形熔断器（座）	RT14-20
	RT14-32
	RT14-63
RT18 圆筒帽形熔断器（体）	RT18-32
	RT18-63
RT18 圆筒帽形熔断器（座）	RT18-32　1P
	RT18-32　2P
	RT18-32　3P
	RT18-32X　1P/2P/3P
	RT18-63　1P/2P/3P
	RT18-63X　1P/2P/3P
RL1 螺旋式熔断器（体）	RL1-15
	RL1-60
	RL1-100
	RL1-200
RL1 螺旋式熔断器（座）	RL1-15
	RL1-60
	RL1-100
	RL1-200

三、交流接触器

交流接触器是电力系统和自动控制系统中应用非常广泛的一种自动切换电器,用在正常条件下频繁地接通或断开交直主电路及大容量控制电路,主要用于控制电机、无感或微感电力负荷以及电力设备。它还具有欠电压、零电压释放保护功能,并且可以实现远距离控制,同时还具有控制容量大、工作可靠、操作频率高、使用寿命长、体积较小等优点,因此在电力拖动系统中得到广泛应用。

1. 交流接触器的结构

(1) 电磁机构。由线圈、动铁心(衔铁)和静铁心组成,其作用是将电磁能转换成机械能,产生电磁吸力带动触点动作。

(2) 触点系统。它包括主触点和辅助触点。主触点用于通断主线路,通常为三对常开触点。辅助触点常用于控制回路,起电气联锁作用,又称联锁触点,一般常开、常闭各两对。

(3) 灭弧装置。容量在 10A 以上的接触器都有灭弧装置,对于小容量的接触器常采用双断口触点灭弧、电动力灭弧、相间隔板弧。对于大容量的接触器,采用纵缝灭弧罩及栅片灭弧。

(4) 其他部分。其他部分主要包括反作用弹簧、缓冲弹簧、触点压力弹簧、传动机构及外壳。

2. 交流接触器的基本参数

(1) 额定电压。它是指主触点额定工作电压,等于负载的额定电压。

(2) 额定电流。接触器触点在额定工作条件下的电流值。常用的额定电流等级为 10、20、40、60、100、150、250、400、600A。

(3) 接通和分断能力。它可分为最大接通电流和最大分断电流。最大接通电流是指触点闭合不会造成触点熔焊时的最大电流值,最大分断电流是指触点断开时能可靠灭弧的最大电流。一般通断能力是额定电流 5~10 倍。

(4) 吸引线圈额定电压。接触器正常工作时,吸引线圈上所加的电压值。一般该电压数值标于线圈上,而不标于接触器外壳铭牌上,使用时应加以注意。

(5) 操作频率。一般是指每小时允许操作的最大值,有 300、600、1200 次/h 等几种。

(6) 寿命。它包括电气寿命和机械寿命。目前,交流接触器的机械寿命已达 1000 万次,电气寿命为机械寿命的 5%~20%。

3. 接触器的选用

依据接触器所控制负载的使用类别、工作性质、负载轻重、电流类别选择接触器类别；依据被控对象的功率和操作情况，确定接触器的容量等级；依据控制回路要求选择线圈的参数；依据使用地点周围环境选择相应的规格。由于被控对象千差万别，难以有简单统一的选择方法，通常要注意下列参数的确定：

（1）接触器主触头额定工作电压，要求大于或等于主电路额定电压。

（2）接触器吸引线圈额定电压及工作频率。要求两者必须与接入此线圈的控制电路的额定电压及频率相等。

（3）额定电流等级确定。接触器的额定电流应大于或等于负载的额定电流。还应注意的是接触器主触头的额定工作电流是在规定条件下（额定工作电压、使用类别、操作频率等）能够正常工作的电流值，主触头的额定工作电流应大于或等于负载的电流。当实际使用条件不同时，这个电流值也将随之改变。按轻任务使用类别设计的接触器用于重任务时，应降低容量使用，如降一个等级使用。对反复短时工作的接触器，其额定电流应大于负载的等级热稳定电流，对于电动机负载，接触器主触头额定电流常按下列经验公式来计算，即

$$I_N = \frac{P_N \times 10^3}{K U_N}$$

式中　K——经验系数，$K = 1 \sim 1.4$；

　　I_N——主触头额定电流，A；

　　P_N——电动机的额定功率，W；

　　U_N——电动机的额定电压，V。

（4）吸引线圈的额定电压。其应与控制电路电压相一致，接触器在线圈额定电压85%～105%时应该可靠地吸合。

（5）选择接触器型号时，要同时考虑负载、主电路、控制电路的要求来确定型号与触头数量。

4. 交流接触器型号及意义

CJ 系列交流接触器型号及意义如下：

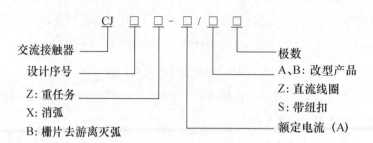

CDC 系列交流接触器型号及意义如下：

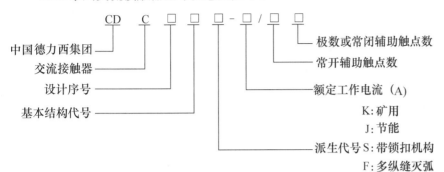

B 系列交流接触器型号及意义如下：

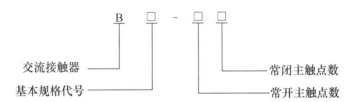

部分交流接触器名称、型号及规格见表 1-6，具体使用可参阅各生产厂家产品目录。

表 1-6　　　　　　　　　部分交流接触器名称、型号及规格

产　品　名　称	型　　　　号	线圈额定工作电压（AC）（V）
CJ10 交流接触器	CJ10-10	36、110、127、220、380
	CJ10-20	
	CJ10-40	
	CJ10-60	
	CJ10-80	
	CJ10-100	
	CJ10-150	
CJ20 交流接触器	CJ20-10	36、110、127、220、380
	CJ20-16	
	CJ20-25	
	CJ20-40	
	CJ20-63	
	CJ20-100	
	CJ20-160	
	CJ20-250	

产　品　名　称	型　　　号	线圈额定工作电压（AC）（V）
CJ40 交流接触器 	CJ40-32	36、110、 127、220、380
	CJ40-40	
	CJ40-50	
	CJ40-63	
	CJ40-80	
	CJ40-100	
	CJ40-200	
	CJ40-250	
CJX2 交流接触器 	CJX2-0901	220、380
	CJX2-1801	
	CJX2-3201	
	CJX2-4011	
	CJX2-5011	
	CJX2-6511	
	CJX2-9511	

四、继电器

继电器是一种根据某种输入信号变化，而接通和断开控制电路，实现控制目的的自动切换电器。它主要用于控制回路中。继电器按用途可分为控制继电器、保护继电器；按反应信号不同可分为中间继电器、时间继电器、热继电器、电流继电器、电压继电器、速度继电器、固体继电器等。

1．中间继电器

（1）中间继电器实质上是一种电压继电器，由电磁机构和触点系统组成。其工作原理为：当线圈电压外加额定电压时，电磁机构衔铁吸合，带动触头闭合。

（2）中间继电器类型：电磁式继电器有 JZC1 系列、JZC4 系列；接触器式中间继电器有 JZ7 系列、DZ-644 型和 DZ-650 型等中间继电器。

（3）中间继电器的主要技术参数：触头动作电流、动作时间、线圈工作电压等。

中间继电器的结构：与接触器相似。

（4）中间继电器的选择：中间继电器主要依据控制电路的电压等级、触点的数量、种类及容量来选择。

（5）JZC4 系列中间继电器的型号及 020：

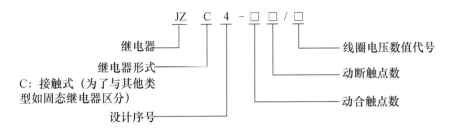

部分中间继电器名称、型号及规格见表 1-7，具体使用可参阅各生产厂家产品目录。

表 1-7　　　　　　　　　　　部分中间继电器名称、型号及规格

产　品　名　称	型　号	线圈额定工作电压（AC）（V）
JZ7 系列中间继电器	JZ7-44	36、110、127、220
	JZ7-53	
	JZ7-62	
	JZ7-80	
JZC4 系列中间继电器	JZC4-04	36、110、127、220、380
	JZC4-13	
	JZC4-22	
	JZC4-31	
	JZC4-40	

2. 时间继电器

时间继电器是一种按照时间原则工作的继电器，根据预定时间来接通或分断电路。

（1）时间继电器的延时类型有通电延时型和断电延时型两种形式；其结构分为空气式、电动式、电子式等。

1）空气式时间继电器。空气式时间继电器由电磁系统、触点系统、空气室和传动机构等部分组成。它是通过空气的阻尼作用来实现延时的（利用空气通过小孔节流的原理来获得延时动作）。

其中电磁系统包括线圈、衔铁、铁心、反力弹簧及弹簧片等；触点系统包括两对瞬

时触头（一对瞬时闭合，一对瞬时断开）和两对延时触头；空气室内有一块橡皮膜和活塞随空气量的增减而移动，空气室有调节螺钉可以调节延时的长短；传动机构由推板推杆、杠杆及宝塔弹簧组成。常用空气式时间继电器 JS7-A 系列有通电延时和断电延时两种类型。

2）电动式时间继电器。电动式时间继电器由同步电机、齿轮减速机构、电磁离合系统及执行机构组成，电动式时间继电器延时时间长，可达数十小时，延时精度高，但结构复杂，体积较大，常用产品有 JS10、JS11 系列和 7PR 系列。

3）电子式时间继电器。电子式时间继电器有晶体管式（阻容式）和数字式（又称计数式）等两种不同的类型。晶体管式时间继电器是基于电容充、放电工作原理延时工作的。数字式时间继电器由脉冲发生器、计数器、数字显示器、放大器及执行机构组成。常用晶体管式时间继电器有 JS14、JS20、JSF、JSMJ、JJSB、ST3P 等系列。常用数字式时间继电器有 JSS14、JSS20、JSS26、JSS48、JS11S 等系列。

（2）时间继电器的主要技术参数：延时范围、工作电压、触点额定电流。

（3）时间继电器的选用。其主要根据控制电路所需的延时方式和参数问题，选用时要考虑以下几个方面：

1）延时方式的选择：时间继电器有通电延时和断电延时两种，应根据控制电路的要求来选择。

2）类型选择：对延时精度要求不高的场合，可采用空气阻尼式时间继电器；对延时精度要求较高的场合，可采用电子式时间继电器。

3）线圈电压的选择：根据控制电路电压来选择时间继电器吸引线圈电压。

4）电源参数变化的选择：在电源电压波动大的场合，采用空气阻尼式或电动式时间继电器比采用晶体管式好；而在电源频率波动大的场合，不宜采用电动式时间继电器，在温度变化较大的场合，则不宜采用空气阻尼式时间继电器。JS7 型空气式时间继电器 4 种形式见表 1-8。

表 1-8   JS7 型空气式时间继电器 4 种形式

型号	延时动作				瞬时动作触头数量	
	线圈通电延时		线圈断电延时		动断	动合
	动断	动合	动断	动合		
JS7-1A	1	1	—	—	—	—
JS7-2A	1	1	—	—	1	1
JS7-3A	—	—	—1	—1	—	—
JS7-4A	—	—	—1	—1	1	1

（4）JS7-1A 系列时间继电器的型号及意义如下：

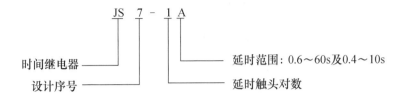

部分时间继电器名称、型号及规格见表 1-9，具体使用可参阅各生产厂家产品目录。

表 1-9   部分时间继电器名称、型号及规格

产 品 名 称	型 号	规 格
空气式时间继电器	JS7-1A	全规格
	JS7-2A	全规格
	JS7-3A	全规格
	JS7-4A	全规格
晶体管式时间继电器	JS14A	全规格
	JS14A-M	全规格
	JS14A-Y	全规格
	JS20	特殊规格 DC 220V
	JS120-M	全规格
	JSMJ	全规格
	JSF	全规格
数字式时间继电器	JSS20-11AM	延时时间 9.9～99s
		延时时间 9.9～99s
	JSS20-21AM	延时时间 9.9～99s
		延时时间 9.9～99s
	JSS20-48AM	延时时间 9.9～99s
		延时时间 9.9～99s
	JSS1-01～07	延时时间 0.1～99s
		延时时间 0.1～990s
		延时时间 1～990s
		延时时间 0.1～99s
		延时时间 0.1～999s
		延时时间 0.1～999s

3. 热继电器

热继电器是用来对连续运行的电动机进行过载保护的一种保护电器，以防止电动机过热而烧毁。大部分热继电器除了具有过载保护功能以外，还具有断相保护、温度补偿、自动与手动复位功能。

(1) 热继电器的结构。热继电器主要由双金属片、加热元件、动作机构、触点系统、整定装置及手动复位装置组成。工作时，其常闭触头串接在控制回路，热元件接在电动机的主回路。双金属片作为温度检测元件，由两种膨胀系数不同的双金属片压焊而成，电动机正常运行时电流较小，热元件产生热量不会使双金属片产生较大的弯曲，故热继电器正常工作时不动作；当电机过载时，流过热元件的电流加大，经过一定时间，热元件产生的热量使双金属片的弯曲程度超过一定值时，就通过导板推动热继电器的触头动作（动断触头断开、动合触头闭合），其串接在接触器线圈电路的动断触头切断了线圈电流，使电动机主电路断开，从而实现过载保护。

(2) 热继电器的保护方式。热继电器的保护方式有两相和三相保护两大类，两相保护的热继电器装有两个发热元件，分别串接在三相电路的两相中。当三相平衡较好时可用两相保护，否则采用三相保护热继电器，以保证反映任何一相过载。

热继电器不能作为短路保护，因为双金属弯曲要有一个时间过程，其动作时间特性不能满足分断故障电流的速度要求。

(3) 热继电器主要技术参数及常用型号。热继电器主要技术参数有热继电器额定电流、相数、热元件额定电流、整定电流及调节范围等。热继电器的额定电流是指热继电器可以安装热元件的最大额定电流值，热元件的额定电流是指热元件的最大整定电流值，热继电器的整定电流是指热元件能够长期通过而不会引起热继电器动作的最大电流值。用于电动机热保护继电器的常用系列有 JR16、JR20、JR28、JR36 系列热继电器，NRE6、NRE8 系列电子式过载继电器。

(4) 热继电器的选用。选用热继电器时要注意下列几点：

1) 根据电动机额定电压和额定电流计算出热元件的电流范围，然后选型号及电流等级。

2) 根据热继电器与电动机的安装条件不同、环境不同，对热元件电流做适当调整。如高温场合热元件的电流应放大 1.05～1.20 倍。在一般的情况下，热元件的整定电流为电动机额定电流的 0.95～1.05 倍。如果电动机的过载能力较差，热元件的整定电流可取为电动机额定电流 0.6～0.8 倍。另外，整定电流应留有一定的上下限调整范围。

3) 设计成套电气装置时，热继电器尽量远离发热电器。

4) 对于重载起动、频繁正反转及带反接制动等运行的电动机（如桥式起重机等设备），一般不用热继电器作过载保护，采用过电流继电器作过载保护。

JR20 系列的热继电器型号和意义如下：

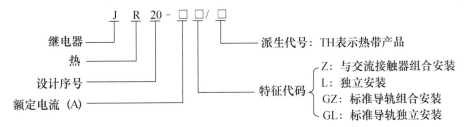

部分热继电器名称、型号及规格见表 1 - 10，具体使用可参阅各生产厂家产品目录。

表 1 - 10   部分热继电器名称、型号及规格

产 品 名 称	型 号
JR28（LR2）系列热继电器	JR28-25（LR2）D1301
	JR28-25（LR2）D1304
	JR28-25（LR2）D1305
	JR28-25（LR2）D1306
	JR28-25（LR2）D1307
	JR28-25（LR2）D1308
	JR28-25（LR2）D1310
	JR28-25（LR2）D1312
	JR28-40（LR2）D2353
	JR28-40（LR2）D2355
	JR28-93（LR2）D3353
	JR28-93（LR2）D3355
	JR28-93（LR2）D3357
	JR28-93（LR2）D3359
	JR28-93（LR2）D3361
	JR28-93（LR2）D3363
	JR28-93（LR2）D3365

产　品　名　称	型　　　号
JR29（LR2）系列热继电器 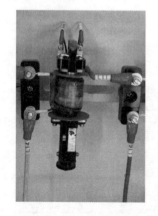	JR29-16（T16）
	JR29-25（T25）
	JR29-45（T45）
	JR29-85（T85）
	JR29-105（T105）
	JR29-170（T170）
	JR29-250（T250）
	JR29-370（T370）

4. 电流、电压继电器

电流继电器是根据输入（线圈）电流值大小变化来控制输出触头动作的继电器。电流继电器分为过电流继电器和欠电流继电器。过电流继电器是当被测电路发生短路或过电流（超过整定电流）时，输出触头动作；欠电流继电器是当被测电路电流过低时，输出触头复位。

电压继电器是根据输入电压大小而动作的继电器。电压继电器分为过压继电器、欠压继电器和零电压继电器。过电压继电器是当电路电压大于其整定值时动作的电压继电器，主要用于对电路或设备作过电压保护。欠电压继电器和零压继电器在线路正常工作时，铁心和衔铁是吸合的，当电压降至低于整定值时，触头动作对电路实现欠电压和零压电压保护。

常用的型号有 JT4 系列交流通用继电器和 JL14 系列直流通用继电器。JT4 系列交流通用继电器，在其电磁系统上装上不同的线圈，就可得到过电流、欠电流、过电压或欠电压等继电器。图 1-2 所示为过流继电器。

图 1-2　过流继电器

（1）电流、电压继电器的选用：

1）过电流继电器线圈的额定电流应大于或等于电动机的额定电压。

2）过电流继电器触头种类、数量、额定电流应满足控制电路的要求。

3）过电流继电器的动作电流一般为电动机额定电流的 1.7～2 倍；频繁启动时，为电动机额定电流的 2.25～2.5 倍。

（2）欠电流继电器的选择：

1）欠电流继电器线圈的额定电流应大于或等于直流电动机励磁绕组的额定电流。

2）欠电流继电器的吸合动作电流应小于或等于直流电动机励磁绕组额定电流 80％。

3）欠电流继电器的释放动作电流应小于直流电动机最小励磁电流的 80％。

（3）欠电压继电器的选择：

1）欠电压继电器线圈的额定电压应等于电源电压。

2）欠电压继电器的触头种类、数量应满足控制电路的要求。

5. 速度继电器

速度继电器是当转速达到规定值时动作的继电器，速度继电器又称为反接制动继电器，它是根据电磁感应原理制成，多用于三相交流异步电动机的制动控制。速度继电器的作用是与接触器配合，当电动机反接制动过程结束，转速过零时，自动切除反相序电源，以保证电动机可靠停车，从而实现对电动机的制动。

速度继电器由转子（永久磁钢）、浮动的定子、触点三部分组成，如图 1-3 所示。

图 1-3 速度继电器

常用的速度继电器有 JY1 系列、JFZO 系列。JY1 型速度继电器能以 3000r/min 可靠地进行工作，应用很广泛。JFZO 型速度继电器有 JFZO-1 型和 JFZO-2 型两种。JFZO-1 型速度继电器的适用范围为 300～1000rad/min，JFZO-2 型速度继电器的适用范围为 1000～3000rad/min。

6. 固体继电器

固体继电器是 20 世纪 70 年代后期发展起来的一种新型无触头继电器，可以取代传统的继电器和小容量接触器。固体继电器与通常的电磁继电器不同，它无触点、输入电路与输出电路之间光（电）隔离，由分立元件、半导体微电子电路芯片和电力电子器件组装而成，以阻燃型环氧树脂为原料，采用灌封技术将其封闭在外壳中与外界隔离，具有良好的耐压、防腐、防潮、抗震动性能。固体继电器可以实现用微弱的控制信号（几毫安到几十毫安）控制 0.1A 直至几百安电流负载，进行无触头接通和分断。

由于固体继电器接通和断开负载时，不产生火花，又具有高稳定、高可靠、无触头、寿命长，与 TTL 和 CMOS 集成电路有着良好的兼容等优点，广泛应用在电动机调速、正反转控制、调光、家用电器、送变电电网的建设与改造、电力拖动、煤矿、钢铁、化工和军用等方面。

固体继电器由输入电路、驱动电路和输出电路三部分组成，如图 1-4 所示。根据输出

图 1-4　固体继电器

电流类型不同，固体继电器分为交流和直流两种类型。交流固体继电器（AC-SSR）以双向晶闸管为输出开关器件，用来通、断交流负载；直流固体继电器（DC-SSR）以功率晶体管为开关器件，用来通、断直流负载。从外部接线来看，固体继电器是一种四端器件，两个输入端，两个输出端。输入端接控制信号，输出端与负载电源串联，当输入端给定一个控制信号时，输出端导通；输入端接无控制信号时，输出端关断截止。

交流固体继电器根据触发信号方式不同分为过零型触发（Z 型）和非过零型或随机型（P 型）触发两种，过零型和非过零型之间的区别主要是负载交流电流导通的条件。过零触发型电源电压处在非过零区，其输出端负载无电流，只有当电源电压到达过零区时，输出端负载中才有电流流过；非过零型触发不管电源电压处在什么状态，输入端施加信号电压时，输出端负载立刻导通。非过零型触发在输入端控制信号撤销时输出端负载立刻截止；过零型触发要等到电源电压到达过零区时，输出端负载才关断。即过零型触发具有电压过零时开启，负载电流过零时关断的特性。常用的交流 AC-SSR 有 GTJ6 系列、JGC-F 系列、JGX-F 系列和 JGX-3/F 系列等。

固体继电器输入电路采用光耦隔离器件，抗干扰能力强。输入信号电压 3V 以上，电流 100mA 以下，输出点的工作电流达 10A，故控制能力强。当输出负载容量很大时，可用固体继电器驱动功率管，再去驱动负载。使用时还应注意固体继电器的负载能力随温度的升高而降低，其他使用注意事项请参阅固体继电器的产品使用说明。

五、主令电器

主令电器是用于自动控制系统中发出控制指令或信号的电器。由于它主要是发出操作指令，从而称之为主令电器。其信号指令通过接触器、继电器或其他电器，使电路接通或分断来实现生产机械的自动控制。常用的主令电器有按钮开关、行程开关、万能转

换开关、主令控制器、脚踏开关等。

1. 按钮开关

按钮又称控制按钮，是发出控制指令或信号的电器开关，是一种手动且可以自动复位的主令电器，在控制电路中用作短时间接通或断开小电流控制电器，通常用于控制电路发出起动或停止指令。

（1）按钮的结构形式。按钮由静触头、动触头、复位弹簧和外壳构成。触头分为动合（常开）触头和动断（常闭）触头两类。在控制电路中常开按钮常用作起动按钮，动断按钮常用作停止按钮。复合按钮常用于电气互锁。按功能分为自动复位和带锁定功能两种形式，按操作方式有一般式、蘑菇头急停式、旋转式、钥匙式。按钮开关在实际应用中也有扳、旋、拨等动作方式。我国自行设计的常用按钮有 LA2、LA4、LA10、LA18、LA19、LA20、LA25 系列。

（2）按钮的选择：

1）根据使用场合和具体用途选择按钮种类。例如：嵌装在操作面板上时可选用开启式按钮，在重要处为防止无关人员误操作时宜选用钥匙操作式按钮，需显示工作状态时可选用光标式按钮。

2）根据控制回路的需要选择按钮的数量，如单联钮、双联钮、三联按钮等。

3）根据工作状态选择按钮颜色。例如：启动按钮可用绿色按钮，停止可用红色按钮等，点动按钮用黑色。

LA 系列按钮型号及意义如下：

部分按钮开关名称、型号及规格见表 1-11，具体使用可参阅各生产厂家产品目录。

表 1-11　　　　　　　　　　　部分按钮开关名称、型号及规格

产　品　名　称	型　　号	规　　格
LA4 按钮开关	LA4-2K	
	LA4-3K	380V
	LA4-2H	
	LA4-3H	

产　品　名　称	型　　　号	规　　　格
LA18 按钮开关	LA18-11	380V
	LA18-22	
	LA18-22M	
	LA18-22X/2	
	LA18-22X/3	
	LA18-22Y	
	LA18-44	
	LA18-44M	
	LA18-66	
LA19 按钮开关	LA19-11	380V
	LA19-11M	
	LA19-11D	
	LA19-11DM	
LAY3 按钮开关	LAY3-11	一般式
	LAY3-11M/1	蘑菇头式
	LAY3-11M/2	蘑菇头式
	LAY3-11ZS/1	自锁式
	LAY3-11ZS/2	自锁式
	LAY3-11D/6.3V	带灯式
	LAY3-11DN/220V	带灯式
	LAY3-11X/2	旋钮式
	LAY3-11X/3	旋钮式
	LAY3-11Y/2	钥匙式
	LAY3-11Y/3	钥匙式
	LAY3-11XB/2	旋柜式
	LAY3-11XB/3	旋柜式
	LAY3-11DJ/M	带灯自锁式

产　品　名　称	型　　号	规　　格
HZ10 组合开关	HZ10-10/1	380V
	HZ10-10/2	
	HZ10-10/3	
	HZ10-10/4	
	HZ10-25/1	
	HZ10-25/2	
	HZ10-60/1	
	HZ10-100/1	

2. 位置开关

用于机械运动部件位置检测的开关主要有行程开关、接近开关和光电开关等。在机床电路中应用最普遍的是行程开关。行程开关又称限位开关，作用与按钮相同，只是其触头的动作不是用手按动，而是利用生产机械某些运动部件上的挡铁碰撞行程开关，使其触头动作，来分断或接通控制电路。行程开关主要用于检测运动机械的位置，控制运动部件的运动方向、行程长短以及限位保护。

（1）行程开关结构类型及防护形式。行程开关按外壳防护形式分为开启式、防护式及防尘式；按动作速度分为瞬动和慢动式；按复位方式分为自动复位和非自动复位；按操作头的形式分为直杆式、直杆滚轮式、转臂式、万向式、双轮式、铰链杠杆式等；按用途分为一般用途行程开关、起重设备用行程开关及微动开关等多种。常用的行程开关有 LX2、LX29、LXK1、LXK3 等系列和 LXW5、LXW-11 等系列微动行程开关。

（2）行程开关选用。行程开关在选用时应根据动作要求及触头数量和安装位置来选用，一般应遵循下述原则：

1）根据控制对象和使用地点来确定是选用一般用途行程开关，还是选用起重设备用行程开关。

2）根据使用安装条件来确定防护形式，如开启式或保护式。

3）根据控制回路的电压和电流选择系列。

4）根据机械与行程开关的传力与位移关系来选择合适的头部形式。

　　LX 系列行程开关的型号及意义如下：

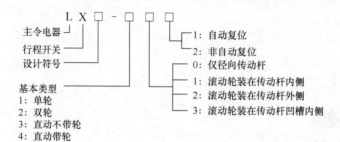

部分行程开关名称、型号及规格见表 1 - 12，具体使用可参阅各生产厂家产品目录。

表 1 - 12　　　　　　　　　　部分行程开关名称、型号及规格

产　品　名　称	型　号　及　规　格
LXK3 行程开关	LXK3-20H/L
	LXK3-20H/T
	LXK3-20H/Z
	LXK3-20H/J
	LXK3-20H/D
	LXK3-20H/W
	LXK3-20H/B
	LXK3-20H/H1
	LXK3-20H/H2
	LXK3-20H/T
	LXK3-20H/L
	LXK3-20H/J
	LXK3-20H/Z
	LXK3-20H/LD
	LXK3-20H/W
LX19 行程开关	LX19-11K
	LX19-001
	LX19-111
	LX19-121
	LX19-131
	LX19-212
	LX19-222

续表

产　品　名　称	型　号　及　规　格
LXP1 行程开关	LXP1-100（1G 1T 1U 1C 1D 1R 1E 1F 1B）
	LXP1-120（1G 1T 1U 1C 1D 1R 1E 1F 1B）
	LXP1-303（1G 1T 1U 1C 1D 1R 1E 1F 1B）
	LXP1-404（1G 1T 1U 1C 1D 1R 1E 1F 1B）
	LXP1-100（0G 0T 0U 0C 0D 0R 0E 0F 0B）
	LXP1-120（0G 0T 0U 0C 0D 0R 0E 0F 0B）
	LXP1-303（0G 0T 0U 0C 0D 0R 0E 0F 0B）
	LXP1-404（0G 0T 0U 0C 0D 0R 0E 0F 0B）

3. 万能转换开关

万能转换开关是一种多挡位、多段式、控制多回路的主令电器，当操作手柄转动时，带动开关内部的凸轮机构转动，从而使触头按规定闭合或断开。万能转换开关一般用于交流 500V、直流 440V、电流 20A 以下电路，作为电气控制电路的转换和配电设备的远距离控制、电气测量仪表转换，也可用于小容量异步电动机、伺服电动机、微型电动机的直接控制。

万能转换开关主要由触头座、操作定位机构、凸轮、手柄等部件组成，其操作位置有 0～12 个，触头底座有 1～10 层，每层底座均可装三对触头。每层凸轮均可做成不同形状，当操作手柄带动凸轮转动到不同位置时，可使各对触头按设置的规律接通和分断，因而这种开关可以组成数百种控制电路方案，以适合各种复杂电路要求，故称为"万能"转换开关。常用的万能转换开关有 LW5、LW6 等系列。

LW5 系列万能转换开关型号及意义如下：

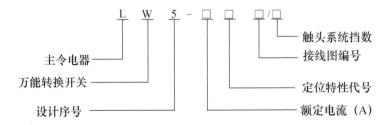

部分万能转换开关名称、型号及规格见表 1-13，具体使用可参阅各生产厂家产品目录。

万能转换开关根据用途、接线方式、所需触头挡数和额定电流来选用。

安装时注意事项：

（1）万能转换开关的安装位置应与其他电器元件或机床的金属部分有一定的间隙，

以免在通断过程中可能因电弧喷出发生对地短路故障。

（2）安装时一般应水平安装在屏板上，但也可倾斜或垂直安装。

部分万能转换开关名称、型号及规格见表1-13，具体使用可参阅各生产厂家产品目录。

表1-13　　　　　　　　　　部分万能转换开关名称、型号及规格

产　品　名　称	型　　　号
LW5 万能转换开关 	LW5-16　1 节
	LW5-16　2 节
	LW5-16　3 节
	LW5-16　4 节
	LW5-16　5 节
	LW5-16　6 节
	LW5-16　8 节
	LW5-16　10 节

4. 主令控制器

主令控制器是用来较频繁地对线路进行接通和切断的一种多挡位、多控制回路的控制电器，可以对控制线路实现联锁或切换。常配合电磁起动器对绕线转子异步电动机实施起动、制动、调速及远距离控制，广泛用于各类大、中型起重设备电机控制系统中。

主令控制器主要由外壳、触点、凸轮、转轴等组成，如图1-5所示。与万能转换开关相比，它的触点容量大些，操作挡位也较多。主令控制器分为两类：一类时凸轮可调式主令控制器；另一类是凸轮固定式主令控制器。

目前，常用的主令控制器有 LK4/LK5 和 LK14、LK15、LK18、LK28 等系列产品。其中 LK4 系列属于可调试主令控制器，即闭合顺序可根据不同要求进行任意调节。

图1-5　主令控制器

主令控制器的型号及意义如下：

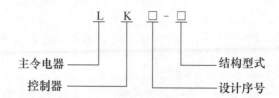

L　K　□－□

主令电器 —— L

控制器 —— K

结构型式 —— □

设计序号 —— □

主令控制器的选用：应根据所需控制的电路数，触点闭合顺序，长期接通时允许电流和分断时允许电流等进行选择。

5. 凸轮控制器

凸轮控制器是一种大型的手动控制器，也是多挡位、多触点开关电器，利用手动操作，通过轴的连接，转动凸轮去接通或分断允许通过大电流的触点开关。它主要用于起重设备，可以直接控制中、小型绕线转子异步电动机的起动、制动、调速和换向。

凸轮控制器主要由触点、手柄、转轴、凸轮、灭弧罩及定位机构等组成，如图 1-6 所示。当手柄转动时，在绝缘方轴上的凸轮随之转动，从而使触点组按规定顺序接通、分断电路。凸轮控制器与万能转换开关虽然都是使用凸轮来控制触点的动作，但因为触点的额定电流值相差很大，体积、用途完全不同。常用的凸轮控制器有 KT10、KT14、KT15 等系列，其额定电流有 25、32、60、63A 等规格，额定电压为 380V。

凸轮控制器的选用及使用注意事项：

（1）应根据所控制起重设备上的交流电动机的起动、调速、换向的技术要求和额定电流来选用。

（2）起动操作时，手轮转动不能太快，应逐级起动，防止电动机的冲击电流超过电流继电器的整定值。

（3）控制器停止使用时，应将手轮准确地停在零位。

图 1-6 凸轮控制器

（4）控制器要保持清洁，经常清除金属导电粉尘，转动部分应定期加以润滑。

图 1-7 电流互感器

六、电流互感器

1. 电流互感器的原理

电流互感器（Current Transformer，CT）原理是依据电磁感应原理的。如图 1-7 所示，它由闭合的铁心和绕组组成，一次绕组匝数很少，串在需要测量的电流的线路中，因此它经常有线路的全部电流流过，二次绕组匝数比较多，串接在测量仪表和保护回路中，电流互感器在工作时，它的二次回路始终是闭合的，因此测量仪表和保护回路串联线圈的阻抗很小，电流互感器的工作状态接近短路。

电流互感器的作用是可以把数值较大的一次电流通过一定的变比转换为数值较小的

二次电流，用来进行保护、测量等用途。如变比为 400/5 的电流互感器，可以把实际为 400A 的电流转变为 5A 的电流。

2. 电流互感器的选用

互感器是一种电流、电压的变换装置，其作用是将大电流、高电压变成小电流、低电压，从而保证了仪表测量和继电保护的安全，同时扩大了仪表、继电器的使用范围。互感器从基本结构和工作原理来说就是一种特殊变压器。

选用电流互感器时，必须注意：电流互感器应按装置地点的条件及额定电压、一次电流、二次电流（一般为 5A）、准确度等级等条件选用，并校验短路时的动稳定度和热稳定度。低压电流互感器常用 LMZ 系列和 LQJ 系列。

3. 电流互感器的型号

第一字母：L—电流互感器

第二字母：A—穿墙式；Z—支柱式；M—母线式；D—单匝贯穿式；V—结构倒置式；J—零序接地检测用；W—抗污秒；R—绕组裸露式

第三字母：Z—环氧树脂浇注式；C—瓷绝缘；Q—气体绝缘介质；W—与微机保护专用

第四数字：B—带保护级；C—差动保护；D—D 级；Q—加强型；J—加强型

第五数字：电压等级产品序号

如 LMZJ1-0.5 中：

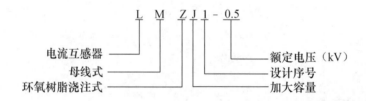

七、导线

常用导线按结构特点可分为裸导线、绝缘电线和电缆，如图 1-8 所示。由于使用条件和技术特性不同，导线结构差别较大，有些导线只有导电线芯；有些导线由导电线芯和绝缘层组成；有的导线在绝缘层外面还有保护层。

工厂车间低压照明线路和电动机导线截面的选择主要依据以下条件：

（1）导线发热条件（即连续允许电流）。

（2）电压损失。

（3）机械强度。

（4）导线截面应与线路中装设的熔断器相适应。

工厂车间动力线路，一般都距离短，线路阻抗小，即使在最大负载时，其电压损失也远远小于允许值。此时，可以按导线发热条件选择导线截面积。所谓发热条件，就是在任何环境温度下，当导线连续通过最大负载电流时，其导线的温度不大于 65℃，这时的负载电流称为安全电流，所以，实际上按发热条件选择导线截面积，也就是按长期允许通过导线的安全电流来选择导线截面积。导线因敷设的方式和地点的不同，其散热条件也不相同，所以同样的导线，露在空气中安装的安全电流和装在管子里的安全电流是不同的。另外，当环境温度不同时，同样的导线安全电流也不相同。表 1-14 为 BV 绝缘电线明敷及穿管时持续载流量表。表 1-15 为常用的绝缘电线型号、名称、用途，供选择参考。

图 1-8 导线

表 1-14　　　　　　　　　BV 绝缘电线明敷及穿管时持续载流量表

型号	BV															
额定电压（kV）	0.45/0.75															
导体工作温度（℃）	70															
环境温度（℃）	30	35	40	30				35				40			
导线排列	0-S-0-S-0															
导线根数				2~4	5~8	9~12	12以上	2~4	5~8	9~12	12以上	2~4	5~8	9~12	12以上
标称截面（mm²）	明敷载流量（A）			导线穿管敷设载流量（A）											
1.5	23	22	20	13	9	8	7	12	9	7	6	11	8	7	6
2.5	31	29	27	17	13	11	10	16	12	10	9	15	11	9	8
4	41	39	36	24	18	15	13	22	17	14	12	21	15	13	11
6	53	50	46	31	23	19	17	29	21	18	16	20	20	16	15
10	74	69	64	44	33	28	25	41	31	26	23	38	29	24	21
16	99	93	86	60	45	38	34	57	42	35	32	52	39	32	29
25	132	124	115	83	62	52	47	77	57	48	43	70	53	44	39
35	161	151	140	103	77	64	58	96	72	60	54	88	66	55	49
50	201	189	175	127	95	79	71	117	88	73	66	108	81	67	60
70	259	243	225	165	123	103	92	152	114	95	85	140	105	87	78
95	316	297	275	207	155	129	116	192	144	120	108	176	132	110	99
120	374	351	325	245	184	153	138	226	170	141	127	208	156	130	117
150	426	400	370	288	216	180	162	265	199	166	149	244	183	152	137

续表

标称截面（mm²）	明敷载流量（A）			导线穿管敷设载流量（A）										
185	495	464	430	335	251	209	188	309	232	193	174	284	213	177	159
240	592	556	515	396	297	247	222	366	275	229	26	336	252	210	189

注　明敷载流量值系根据 $S > 2D_e$（D_e 为电线外径）计算。

表 1 - 15　　　　　　　常用的绝缘电线型号、名称、用途

型　号	名　称	用　途
BLXF BXF BLX BX BXR	铝心氯丁橡胶线 铜心氯丁橡胶线 铝心橡胶线 铜心橡胶线 铜心橡胶软线	适用于支流额定电压 500V 以下的电器设备照明装置
BV BLV BVR BVV BLW BVVB BLVVB VB-105	铜心聚氯乙烯绝缘电线 铝心聚氯乙烯绝缘电线 铜心聚氯乙烯绝缘软电线 铜心聚氯乙烯绝缘聚氯乙烯护套圆形电线 铝心聚氯乙烯绝缘聚氯乙烯护套电线 铜心聚氯乙烯绝缘聚氯乙烯护套平型电线 铝心聚氯乙烯绝缘聚氯乙烯护套平型电线 铜心耐热 105℃ 聚氯乙烯绝缘电线	适用于各种交流，直流电器装置、电工仪器、仪表、电信设备、动力及照明线路固定敷设
RV RVB RVS RVV	铜心聚氯乙烯绝缘软电线 铜心聚氯乙烯绝缘平型软电线 铜心聚氯乙烯绝缘纹型软电线 铜心聚氯乙烯绝缘聚氯乙烯护套平型连接软电线	适用于各种交流电器电工仪器、家用电器、小型电动工具动力及照明装置的连接
PFB PFS	复合物绝缘平型软电线 复合物绝缘纹型软电线	适用于交流额定电压 250V 以下或直流 500V 以下的各种移动电器、无线电设备照明灯接线
RXS RX	复合物绝缘平型软电线 复合物绝缘纹型软电线	适用于交流额定电压 300V 以下电器、仪表、家用电器及照明装置

八、接线端子板

JF5 系列底座封闭型接线座适用于频率为 50Hz（或 60Hz），额定电压至 690V（660V），或直流 440V，额定导线截面积为 0.5～25mm² 的圆导线作连接之用。采用接线方便的组合螺钉配用 TU、TO 端头及通用的 G 型安装轨。

部分接线端子板名称、型号及规格见表 1-16 所示，具体使用可参阅各生产厂家产品目录。

表 1-16　　　　　　　　　　部分接线端子板名称、型号及规格

产 品 名 称	型 号	规 格
JF5 接线端子板 	TD-1510	15A　10 位
	TD-1005	100A　5 位
	TD-1515	15A1　5 位
	TD-6005	60A　5 位
	TB-4510	45A　10 位
	JH20-10/10	10A　10 位
	X3-2012	20A　12 位
	TB-2506	25A　6 位
	JF5-2.5/2	线径 2.5mm² 　2 位
	JX3-1005	10A　5 位
	JF5-2.5/B	线径 2.5mm²
	JF5-1.5/5	线径 1.5mm² 　5 位
	JF5-6/5	线径 6mm² 　5 位

学习项目 2　三相异步电动机控制线路的识别与安装

2.1　电 气 图 的 识 别

电气图是指用来指导电气工程和各种电气设备、电气线路的安装、接线、运行、维护、管理和使用的图纸。由于电气图描述的对象复杂、表达形式多种多样、应用领域广泛，因而使其成为一个独特的专业技术图种。作为电气工程从业技术人员，学会阅读和使用电气图是其必备的基本素质要求。

一项电气工程用不同的表达方式来反映工程问题的不同侧面，它们彼此作用不同，但又有一定的对应关系，有时需要对照起来阅读。按用途和表达形式的不同，电气图可分为电气原理图、安装接线图、位置图等。

三相异步电动机控制线路的识别与安装

一、电气原理图

电气原理图又称电路图，是根据生产机械运动形式对电气控制系统的要求，采用国家统一规定的电气图形符号和文字符号，按照电气设备和电器的工作顺序，详细表示电路、设备或成套装置的全部基本组成和连接关系，而不考虑其实际位置的一种简图。电气原理图能充分表达电气设备和电器的用途、作用和工作原理，是电气线路安装、调试和维修的理论依据。电气原理图是电气图的最重要的种类之一，也是识图的难点与重点。

绘制和分析电气原理图时应遵循以下原则：

（1）电气原理图一般分电源电路、主电路和辅助电路三部分来绘制。

1）电源电路。电源电路画成水平线，三相交流电源相序 L1、L2、L3 自上而下依次画出，中性线 N 和保护地线 PE 依次画在相线之下。直流电流的"＋"端画在上边，"－"端画在下边。电源开关要水平画出。

2）主电路。主电路是从电源向用电设备供电的路径，由主熔断器、接触器的主触头、热继电器的热元件以及电动机等组成。主电路通过的电流较大，一般要画在电气原理图的左侧并垂直电源电路，用粗实线来表示。

3）辅助电路。辅助电路一般包括控制电路、信号电路、照明电路及保护电路等。辅助电路由继电器和接触器的线圈、继电器的触头、接触器的辅助触头、主令电路的触头、信号灯和照明灯等电器元件组成。辅助电路通过的电流都较小，一般不超过 5A。画辅助电路图时，辅助电路要跨接在两根电源线之间，一般按照控制电路、信号电路和照明电路的顺序依次垂直画在主电路图的右侧，且电路中与下边电源线相连的耗能元件（如接触器和继电器的线圈、信号灯、照明灯等）要画在电路图的下方，而电器的触头要画在耗能元件与上边电源线之间。为读图方便，一般应按照自左至右、自上至下的排列来表示操作顺序。

（2）原理图中各电器元件不画实际的外形图，而是采用国家统一规定的电气图形符号和文字符号来表示。

（3）原理图中所有电器的触头位置都按电路未通电或电器未受外力作用时的常态位置画出。分析原理时，应从触头的常态位置出发。

（4）原理图中各个电气元件及其部件（如接触器的触头和线圈）在图上的位置是根据便于阅读的原则安排的，同一电气元件的各个部件可以不画在一起，即采用分开表示法。但它们的动作却是相互关联的，因此，必须标注相同的文字符号。若图中相同的电器较多时，需要在电器文字符号后面加注不同的数字，以示区别，如 SB1、SB2 或 KM1、

KM2、KM3 等。

（5）画原理图时，电路用平行线绘制，尽量减少线条和避免线条交叉，并尽可能按照动作顺序排列，便于阅读。对交叉而不连接的导线在交叉处不加黑圆点；对"＋"形连接点（有直接电联系的交叉导线连接点），必须用小黑圆点表示；对"T"形连接点处则可不加。

（6）为安装检修方便，在电气原理图中各元件的连接导线往往予以编号，即对电路中的各个接点用字母或数字编号。

主电路的电气连接点一般用一个字母和一个一位或二位的数字标号，如在电源开关的出线端按相序依次编号为 L11、L12、L13。然后按从上至下、从左至右的顺序，标号的方法是经过一个元件就变一个号，如 L21、L22、L23；L31、L32、L33、…。单台三相交流电动机（或设备）的三根引出线按相序依次编号为 U、V、W。对于多台电动机引出线的编号，为了不致引起误解和混淆，可在字母前用不同的数字加以区别，如 1U、1V、1W，2U、2V、2W，…。

辅助电路编号按"等电位"原则从上至下、从左至右的顺序用数字依次编号，每经过一个电器元件后，编号要依次递增。控制电路编号的起始数字必须是 1，其他辅助电路编号的起始数字依次递增 100，如照明电路编号从 101 开始，信号电路编号从 201 开始等。

二、安装接线图

安装接线图是根据电气设备和电器元件的实际位置和安装情况绘制的，只用来表示电气设备和电器元件的位置、配线方式和接线方式，而不明显表示电气动作原理。为了具体安装接线、检查线路和排除故障，必须根据原理图查阅安装接线图。安装接线图中各电器元件的图形符号及文字符号必须与原理图核对。

绘制和分析安装接线图应遵循以下原则：

（1）接线图中一般显示出电气设备和电器元件的相对位置、文字符号、端子号、导线号、导线类型、导线截面积、屏蔽和导线绞合等内容。

（2）在接线图中，所有的电气设备和电器元件都按其所在的实际位置绘制在图纸上。元件所占图面按实际尺寸以统一比例绘出。

（3）同一电器的各元件根据其实际结构，使用与原理图相同的图形符号画在一起，并用点画线框上，即采用集中表示法。

（4）接线图中各电器元件的图形符号和文字符号必须与原理图一致，并符合国家标准，以便对照检查接线。

（5）各电器元件上凡是需要接线的部件端子都应绘出并予以编号，各接线端子的编号必须与原理图上的导线编号一致。

（6）接线图中的导线有单根导线、导线组（或线扎）、电缆等之分，可用连续线和中断线来表示。凡导线走向相同的可以合并，用线束来表示，到达接线端子板或电器元件的连接点时再分别画出。在用线束来表示导线组、电缆等时可用加粗的线条表示，在不引起误解的情况下也可采用部分加粗。另外，导线及管子的型号、根数和规格应标注清楚。

（7）安装配电板内外的电气元器件之间的连线，应通过端子进行连接。

三、位置图

位置图是根据电器元件在控制板上的实际安装位置，采用简化的外形符号（如正方形、矩形、圆形等）而绘制的一种简图，如图1-9所示。它不表达各电器的具体结构、作用、接线情况以及工作原理，主要用于电器元件的布置和安装。图中各电器的文字符号必须与原理图和接线图的标注一致。

在实际中，原理图、接线图和位置图要结合起来使用。

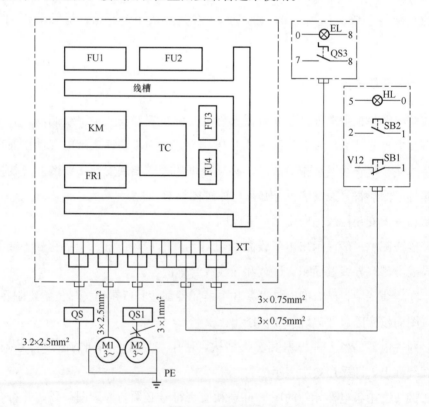

图1-9　位置图

【拓展阅读　守护中国高铁"神经元"——信号继电器】

铁路信号继电器是铁路交通安全系统中的重要组成部分，它在确保列车运行安全和保障铁路运输顺利进行方面起着至关重要的作用。继电器小而精，由 68 个零部件组成，最小的只有 1mm。它是决定所有电务现场设备逻辑关系运行的"开关"，电务设备又是铁路行车的"大脑"，决定着铁路的运行方向和速度，因此继电器在高铁应用中发挥着举足轻重的作用。

守护中国高铁
"神经元"——
信号继电器

柯晓宾，现任中国通号西安工业集团沈信公司电器车间调整班班长。她扎根铁路信号继电器调整一线 20 年，被誉为躬耕毫厘之间的"高铁琴师"。先后获得"全国技术能手""全国三八红旗手""全国劳动模范"等荣誉称号，当选为党的十九大、二十大代表，中国工会十八大代表，全国妇联第十三届常务委员、中国妇女十三大代表。

柯晓宾是有着 20 年继电器调试经验的"工匠"。自参加工作以来，柯晓宾从未离开过继电器调整岗位。经过多年的磨炼，凭借自己与生俱来的韧劲儿，她潜心钻研，反复探索继电器调整的方法和技巧，专业技能迅速提升，以"大国工匠"的中国精度，为高铁安全高效运行保驾护航。她调试的继电器，是中国高铁控制系统中的一种重要零部件。一开始接触这个工作时，为了增加对设备的熟悉度，提升检修效率，柯晓宾所在的沈信公司采用了蒙眼训练的形式。蒙眼拆装继电器的训练开始时异常艰难，不仅"丢三落四"，还会被零件划伤手指，经过不断摸索、更正、创新后，组装速度才得以大幅提升。

同时，一台小小的继电器上，共有 8 组接片、24 个触点，调整触点间的力度在 200mN 左右，力度和角度容不得半点差错，甚至稍有瑕疵就会直接影响产品的性能指标而前功尽弃。每一台继电器的调整都需要经历数十个步骤，其过程中的故障模式也有数十种，因此对调整人员的技能水平要求极高。现在的柯晓宾已谙熟继电器调整工作，一手握着继电器，一手握着扁嘴钳，一坐就是一天，乐此不疲。

身为业内顶尖的技术能手，柯晓宾将继电器调整技能和经验毫无保留地传授给工友们，先后带出了 50 名徒弟。其中有 5 人先后获得全国技术能手等荣誉称号。徒弟牛菲菲，凭借突出的政治素养和工作业绩，于 2018 年光荣地当选为共青团十八大代表。以柯晓宾为带头的创新工作室被全国铁路总工会授予"火车头劳模和工匠人才创新工作室"，被辽宁省人社厅授予"技能大师工作站"。干一行、爱一行，在柯晓宾看来，躬耕在"毫厘之间"，这项精细而又看似枯燥的工作十分重要，它见证了中国高铁的飞速发展。她所在的沈信公司生产的铁路信号继电器，以每年 60 万台的产量，保障了大量中国铁路市场需求。

从柯晓宾的事迹中，我们深深地懂得，注重培养自身执着专注、精益求精、一丝不苟、追求卓越的工匠精神对高端技能型人才是十分重要的。同时，技能只有在不断的传承中才能彰显价值。只有脚踏实地，才能让继电器调整技能传承、点燃激情的"接点文化"不断升温、发芽、结果，才能创造性地将传统的、纯粹的手工继电器调整工作技能发扬光大，最终才能使继电器产品立于国有企业发展腾飞的时代潮头。

（资料来源：《毫厘之间调试高铁"神经元"》，《京报网》2024年3月4日，有改动）

【思考与讨论】

1. 从柯晓宾20年的工作事迹中，你感受最深的是什么？

2. 成为一个高端技能型人才，你认为重要的品质是什么？

模块2

继电控制电路的装调与维修

图 2-1 三相交流异步电动机

目前，在工业和农业生产的各个领域，大量使用生产机械设备，如车床、水泵、压缩机等，而电机是这些生产设备拖动的主要原动机，其中三相异步电动机是主要的电气控制对象。三相交流异步电动机如图 2-1 所示。

三相交流异步电动机主要由定子和转子两大部分组成。三相定子绕组的 6 根出线端接在电动机外壳的接线盒里，其中 U1、V1、W1 为三相绕组的首端，U2、V2、W2 为三相绕组的末端。三相定子绕组根据电源电压和电动机额定电压，可以接成 Y 形（星形）和△形（三角形），如图 2-2 所示。

在电动机定子绕组中通入三相对称交流电，便在转子空间产生旋转磁场，通过电磁感应在转子上产生力的作用，使转子跟着旋转磁场一起转动，从而将电能转换成机械能输出，以拖动生产设备。电动机转子的转动方向与定子绕组中旋转磁场的旋转方向相同，如果任意对调两根定子绕组接至三相交流电源的导线，旋转磁场的转向随之改变，即可改变电动机转子的旋转方向。

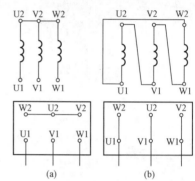

图 2-2 三相交流异步电动机接线方式
（a）定子绕组 Y 形连接；（b）定子绕组△形连接

训练项目 1 三相异步电动机定子绕组首尾判别

一、项目描述

当电机损坏，重新下线后，必须分清 6 个线头的首尾端才能进行通电测试，因此对三相异步电动机定子绕组首尾判别是很有必要的。

二、训练目的

（1）掌握定子绕组首尾端的判别方法。
（2）根据工作内容正确选用所需仪器仪表。

三、任务内容

1. 剩磁法

测定定子绕子首尾端，依靠转子旋转时，转子中的剩磁在定子三相绕组内感应出的电动势用这一原理来进行测量。如果首、尾连接正确，则 $\dot{E}_1 + \dot{E}_2 + \dot{E}_3 = 0$（因为转子剩磁在三相线圈中感应电势矢量和为零），如图 2 - 3 所示，即：流过毫安表的电流为零，指针不动；反之，指针将产生摆动现象。

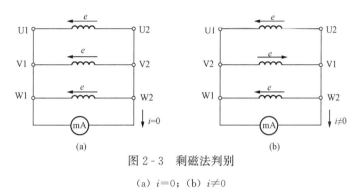

图 2 - 3　剩磁法判别

（a）$i = 0$；（b）$i \neq 0$

剩磁法判别步骤：

（1）先用万用表电阻挡测试电动机定子三相绕组的六个引出线头，找出三相绕组各相的两个线头。

（2）给各相绕组假设编号为 U1、U2，V1、V2，W1、W2。

（3）将假设的三相绕组的首端、尾端分别接在一起。此时将万用表转换成毫安挡位（×1毫安挡），"＋"表笔相连的三个端同为首端（或尾端），"－"表笔相连的别处三个端同为尾端（或首端），用手转动转子，如果毫安表指针不动，则说明假设的首、尾端就是实际的首、尾端。如果指针发生摆动，说明有错误，需要依次调换每相绕组首、尾端重新测试，直至毫安表指针不动为止。

2. 直流法

直流法判别步骤：

（1）先用万用表电阻挡测试电动机定子三相绕组的六个引出线头，找出三相绕组各相的两个线头。

（2）给各相绕组假设编号为 U1、U2，V1、V2，W1、W2。

（3）按图 2 - 4 接线，观察万用表指针摆动情况，合上开关瞬间若指针正偏，则电池正极的线头与万用表负极（黑表笔）所接的线头同为首端或尾端；若指针反偏，则电池正极的线头与万用表正极（红表笔）所接的线头同为首端或尾端。依次将电池和开关接另一相（两个线头）进行测试，就可正确判别各相首尾端。

三相异步电动机首尾端判别任务单见表 2-1。

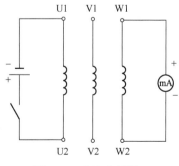

图 2 - 4　直流法判别

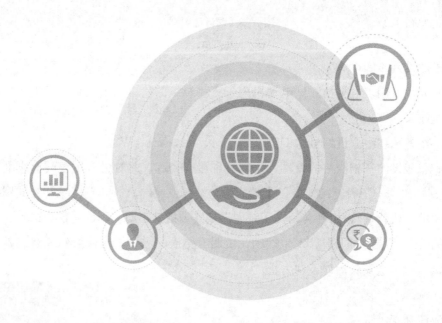

表 2-1　　　　　　**训练项目 1　三相异步电动机首尾端判别任务单**

要求：
(1) 以小组方式完成任务内容。
(2) 完成书面内容外，判别结果必须经过老师检查，确认后方可离开。
(3) 台面整齐，文明操作。

任务描述：
　判断三相绕组的首尾端，熟练掌握星形、三角形接法及电源的接线方式，用剩磁法判定定子绕组首尾端，使用兆欧表测量绝缘电阻。
　记录老师讲述的测定原理，正确利用工具、仪表，完成电机的首尾端判别。

具体要求	内　　容	评分标准	配分
判别原理		内容正确，清晰	20
所用仪表		名称正确	5
判别步骤及绝缘电阻的测量		各步骤的正确性，绝缘电阻的测量	30
仪表使用	正确使用兆欧表测量电动机绕组对地及绕组对绕组之间的绝缘电阻	测量正确	15
外部接线	清楚接线盒内端子与内部绕组的关系，与电源的接线方式	提问方式	10
团队合作	团结协作，分工明确，互相学习答疑	有不动手的扣分	10
文明操作	遵守操作规程 结束清理现场 讲文明礼貌	否则扣 4 分 扣 4 分 扣 2 分	10
小组评价			
老师评价			

训练项目 2　通风装置电气控制箱的安装与调试

一、项目描述

某企业通风设备的电气控制箱为三相异步电动机直接起动控制，所使用三相异步电动机为 Y112M-2 型，其额定功率为 1kW，额定电压为 380V，额定电流为 2.5A，试根据该控制要求对其进行选型、安装与调试。

二、训练目的

（1）掌握常用低压电器元件的作用。

（2）掌握电气控制箱的设计方法和安装方法。

（3）熟悉电气控制箱的调试方法。

三、任务要求

（1）认真分析通风装置控制电路的原理图，正确选择电气元件型号及导线规格，并与表 2-2 给出的目录清单明细表作对比。

（2）设计并绘制电气接线图。

（3）根据接线图进行安装、布线，并在断电情况下检测。

（4）在教师的指导下通电试车。

表 2-2　　　　　　　　　　训练项目设备及器材明细表

代号	名　称	型号与规格	数　量
M	三相异步电动机	Y112M-2，1kW，380V，2.5A，△连接，2825rad/min	1
QF	断路器	DZ47-63	1
FU	熔断器及熔芯配套	10A	3
FU	熔断器及熔芯配套	5A	2
KM	接触器	CDC10-10	1
FR	热继电器	JR36-20	1
SB	三联按钮	LA4-3H5A380V	1
XT	端子排	JF5-1.5	若干

续表

代号	名　称	型号与规格	数　量
BVR	主电路导线	1.5mm²	若干
BVR	控制电路导线	1mm²	若干
	行线槽	25×25mm	
	网孔板		
	万用表	自定	
	劳保用品		

四、通风装置电气原理图与接线图

（一）原理图

直接起动控制原理图如图 2-5 所示。

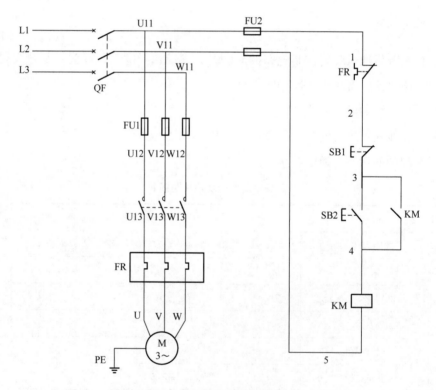

图 2-5　直接起动控制原理图

（二）接线图

直接起动接线图如图 2-6 所示。

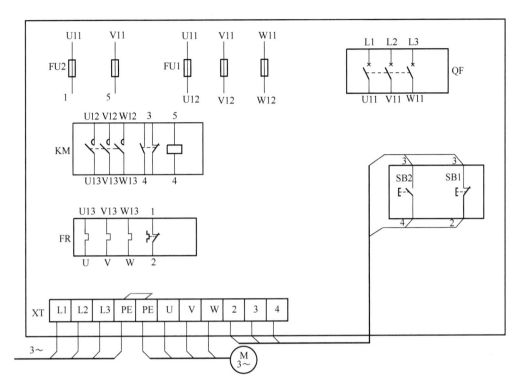

图 2-6　直接起动接线图

五、思考与讨论

（1）分析风机工作原理。

（2）简述图 2 - 5 中接触器的用途、结构及工作原理。

六、电路检查

（1）核对接线按电气原理图或电气接线图从电源端开始，逐段核对接线及接线端子处线号，重点检查主回路有无漏接、错接及控制回路中容易接错的线号，还应核对同一导线两端线号是否一致。

（2）检查端子接线是否牢固。检查端子上所有接线压接是否牢固，接触是否良好，不允许有松动、脱落现象，以免通电试车时因导线虚接造成故障。

七、调试现象记录及故障排除方案

八、项目考核

配分、评分标准和安全文明生产评价单见表 2 - 3。

表 2 - 3　　　　　　　　　　配分、评分标准和安全文明生产评价单

主要内容	考核要求	评分标准	配分	扣分	得分
元件检查与安装	(1) 按图纸的要求，正确利用工具和仪表、熟练地安装电气元件 (2) 元件在配电盘上布置要合理，安装要正确紧固 (3) 按钮盒固定在配电盘上	(1) 电器元件错检或漏检每处扣 3 分 (2) 元器件布置不整齐、不匀称、不合理，每只扣 5 分 (3) 元件安装不牢固，安装元件时漏装螺钉，每只扣 1 分 (4) 损坏元器件每只扣 5 分	10		
接线工艺	(1) 布线要求走行线槽，接线要求紧固美观 (2) 电源和电动机配线、按钮接线要接到端子排上，要注明引出端导线标号 (3) 导线不能乱线敷设	(1) 所有导线必须走行线槽，不可飞线布线，每根扣 3 分 (2) 冷压端子压接导线时接点松动，接头铜过长，压绝缘层，标记线号不清楚，有遗漏或误标，每处扣 2 分 (3) 损伤导线绝缘或线芯，每根扣 2 分 (4) 漏接接地线扣 3 分 (5) 导线乱线敷设每处扣 10 分	40		
功能试验	在保证人身和设备安全的前提下，通电试验一次成功	(1) 不会使用仪表及测量方法不正确，每处扣 3 分 (2) 根据电气控制原理要求，未达到主、控电路的各项功能实现，每处扣 5 分 (3) 热继电器整定值错误扣 2 分 (4) 一次试车不成功扣 5 分，二次试车不成功扣 10 分，此项扣完为止	40		
安全文明生产	(1) 安全文明 1) 劳动保护用品穿戴整齐 2) 电工工具配备齐全 3) 遵守操作规程 4) 尊重监考教师，讲文明礼貌 5) 考试结束要清理考场 (2) 当监考教师发现考生有重大事故隐患时，要立即予以制止 (3) 考生故意违犯安全文明生产或发生重大事故，取消考试资格 (4) 监考教师要在备注栏中注明考生违纪情况	(1) 各项考试中，违反考核要求的任何一项扣 2 分，扣完为止 (2) 考生在不同的技能试题考试中，违反安全文明生产考核要求同一项内容的，要累计扣 5 分 (3) 当考评员发现考生有重大事故隐患时，要立即予以制止，并每次从考生安全文明生产总分中扣 5 分	10		

主要内容	考核要求	评分标准	配分	扣分	得分
备注		成绩			
		考评员签字	年　月　日		

训练项目 3　小型钻床电气控制柜的安装与调试

一、项目描述

某小型钻床的电气控制柜需实现三相异步电动机的点动与连续控制，该控制设备使用的三相异步电动机为 Y112M-2 型，其额定功率为 1kW，额定电压为 380V，额定电流为 2.5A，试根据该控制要求对其进行选型与安装、调试。

二、训练目的

（1）学会常用低压电器元件的作用。

（2）掌握电气控制柜的设计方法和安装方法。

（3）熟悉电气控制柜的调试方法。

三、任务要求

（1）分析小型钻床电气控制原理图，正确选择电气元件型号及导线规格，并按需求填写表 2-4 的明细清单。

（2）设计并绘制电气接线图。

（3）根据接线图进行安装、布线，并在断电情况下检测。

（4）在教师的指导下通电试车。

表 2-4　　　　　　　　　　训练项目设备及器材明细表

代号	名　　称	型号与规格	数　　量
M	三相异步电动机	Y112M-2，1kW，380V，2.5A，△连接，2825rad/min	
QF	断路器		
FU	熔断器及熔芯配套		
FU	熔断器及熔芯配套		
KM	接触器		
FR	热继电器		
SB	三联按钮		
XT	端子排		

续表

代号	名　　称	型号与规格	数　　量
BVR	主电路导线		
BVR	控制电路导线		
	行线槽		
	网孔板		
	万用表		
	劳保用品		

四、小型钻床电气原理图及接线图

（一）原理图

点动与连续控制原理如图 2-7 所示。

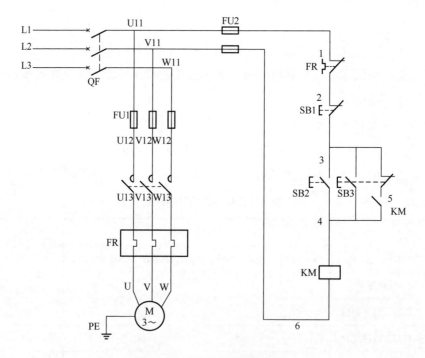

图 2-7　点动与连续控制原理

（二）接线图

点动与连续控制接线如图 2-8 所示。

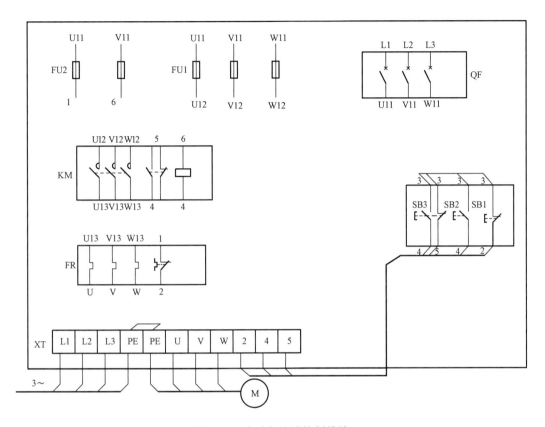

图 2-8　点动与连续控制接线

五、思考与讨论

（1）分析小型钻床的工作原理，并绘制流程图。

（2）简述复合按钮在线路中的作用。

六、电路检查

（1）核对接线按电气原理图或电气接线图从电源端开始，逐段核对接线及接线端子处线号，重点检查主回路有无漏接、错接及控制回路中容易接错的线号，还应核对同一导线两端线号是否一致。

（2）检查端子接线是否牢固。检查端子上所有接线压接是否牢固，接触是否良好，不允许有松动、脱落现象，以免通电试车时因导线虚接造成故障。

七、调试现象记录及故障排除方案

八、项目考核

配分、评分标准和安全文明生产评价单见表 2-5。

表 2-5　　　　　　　　配分、评分标准和安全文明生产评价单

主要内容	考核要求	评分标准	配分	扣分	得分
元件检查与安装	(1) 按图纸的要求，正确利用工具和仪表、熟练地安装电气元件 (2) 元件在配电盘上布置要合理，安装要正确紧固 (3) 按钮盒固定在配电盘上	(1) 电器元件错检或漏检每处扣 3 分 (2) 元器件布置不整齐、不匀称、不合理，每只扣 5 分 (3) 元件安装不牢固，安装元件时漏装螺钉，每只扣 1 分 (4) 损坏元器件每只扣 5 分	10		
接线工艺	(1) 布线要求走行线槽，接线要求紧固美观 (2) 电源和电动机配线、按钮接线要接到端子排上，要注明引出端导线标号 (3) 导线不能乱线敷设	(1) 所有导线必须走行线槽，不可飞线布线，每根扣 3 分 (2) 冷压端子压接导线时接点松动，接头铜过长，压绝缘层，标记线号不清楚，有遗漏或误标，每处扣 2 分 (3) 损伤导线绝缘或线芯，每根扣 2 分 (4) 漏接接地线扣 3 分 (5) 导线乱线敷设每处扣 10 分	40		
功能试验	在保证人身和设备安全的前提下，通电试验一次成功	(1) 不会使用仪表及测量方法不正确，每处扣 3 分 (2) 根据电气控制原理要求，未达到主、控电路的各项功能实现，每处扣 5 分 (3) 热继电器整定值错误扣 2 分 (4) 一次试车不成功扣 5 分，二次试车不成功扣 10 分，此项扣完为止	40		
安全文明生产	(1) 安全文明 1) 劳动保护用品穿戴整齐 2) 电工工具配备齐全 3) 遵守操作规程 4) 尊重监考教师，讲文明礼貌 5) 考试结束要清理考场 (2) 当监考教师发现考生有重大事故隐患时，要立即予以制止 (3) 考生故意违犯安全文明生产或发生重大事故，取消考试资格 (4) 监考教师要在备注栏中注明考生违纪情况	(1) 各项考试中，违反考核要求的任何一项扣 2 分，扣完为止 (2) 考生在不同的技能试题考试中，违反安全文明生产考核要求同一项内容的，要累计扣 5 分 (3) 当考评员发现考生有重大事故隐患时，要立即予以制止，并每次从考生安全文明生产总分中扣 5 分	10		

主要内容	考核要求	评分标准	配分	扣分	得分
备注		成绩			
		考评员签字	年　月　日		

训练项目 4　两级皮带运输线传动电气控制柜的安装与调试

一、项目描述

某皮带运输线的电气控制柜需实现两台三相异步电动机的顺序起动控制，该控制设备使用的两台三相异步电动机，其额定功率均为 5.5kW，额定电压为 380V，额定电流为 11.6A，试根据该控制要求对其进行选型、安装与调试。

二、训练目的

（1）学会常用低压电器元件的作用。

（2）掌握电气控制柜的设计方法和安装方法。

（3）熟悉电气控制柜的调试方法。

三、任务要求

（1）分析两级皮带运输线传动的原理图，正确选择电气元件型号及导线规格，并按需求填写目录清单，见表 2-6。

（2）设计并绘制电气接线图。

（3）根据接线图进行安装、布线，并在断电情况下检测。

（4）在教师的指导下通电试车。

表 2-6　　　　　　　　　　　　　训练项目设备及器材明细表

代号	名　称	型号与规格	数　量
M	三相异步电动机		
QF	断路器		
FU	熔断器及熔芯配套		
FU	熔断器及熔芯配套		
KM	接触器		
FR	热继电器		
SB	三联按钮		
XT	端子排		

代号	名　称	型号与规格	数　量
BVR	主电路导线		
BVR	控制电路导线		
	行线槽		
	网孔板		
	万用表		
	劳保用品		

四、两级皮带运输线传动电气原理图及接线图

（一）原理图

顺序起动控制原理如图 2-9 所示。

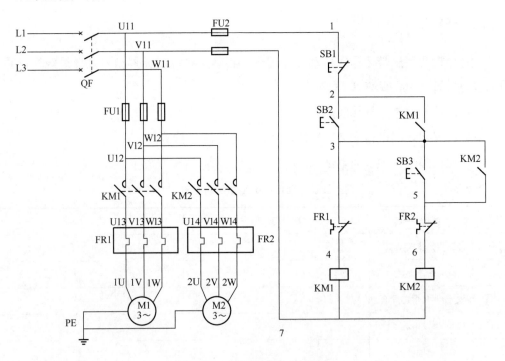

图 2-9　顺序起动控制原理

（二）接线图

顺序起动控制接线如图 2-10 所示。

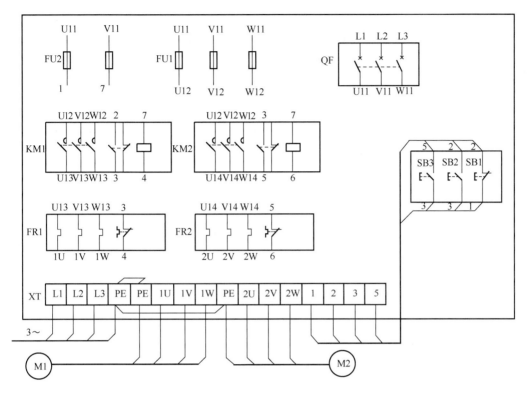

图 2 - 10　顺序起动控制接线

五、思考与讨论

（1）分析两级皮带运输线传动的工作原理并绘制流程图。

（2）本控制线路在操作时如果先按下 SB2 会有什么现象。

六、电路检查

（1）核对接线按电气原理图或电气接线图从电源端开始，逐段核对接线及接线端子处线号，重点检查主回路有无漏接、错接及控制回路中容易接错的线号，还应核对同一导线两端线号是否一致。

（2）检查端子接线是否牢固。检查端子上所有接线压接是否牢固，接触是否良好，不允许有松动、脱落现象，以免通电试车时因导线虚接造成故障。

七、调试现象记录及故障排除方案

八、项目考核

配分、评分标准和安全文明生产评价单见表 2-7。

表 2 - 7　　　　　　　　　　**配分、评分标准和安全文明生产评价单**

主要内容	考核要求	评分标准	配分	扣分	得分
元件检查与安装	（1）按图纸的要求，正确利用工具和仪表、熟练地安装电气元件 （2）元件在配电盘上布置要合理，安装要正确紧固 （3）按钮盒固定在配电盘上	（1）电器元件错检或漏检每处扣 3 分 （2）元器件布置不整齐、不匀称、不合理，每只扣 5 分 （3）元件安装不牢固，安装元件时漏装螺钉，每只扣 1 分 （4）损坏元器件每只扣 5 分	10		
接线工艺	（1）布线要求走行线槽，接线要求紧固美观 （2）电源和电动机配线、按钮接线要接到端子排上，要注明引出端导线标号 （3）导线不能乱线敷设	（1）所有导线必须走行线槽，不可飞线布线，每根扣 3 分 （2）冷压端子压接导线时接点松动，接头铜过长，压绝缘层，标记线号不清楚，有遗漏或误标，每处扣 2 分 （3）损伤导线绝缘或线芯，每根扣 2 分 （4）漏接地线扣 3 分 （5）导线乱线敷设每处扣 10 分	40		
功能试验	在保证人身和设备安全的前提下，通电试验一次成功	（1）不会使用仪表及测量方法不正确，每处扣 3 分 （2）根据电气控制原理要求，未达到主、控电路的各项功能实现，每处扣 5 分 （3）热继电器整定值错误扣 2 分 （4）一次试车不成功扣 5 分，二次试车不成功扣 10 分，此项扣完为止	40		
安全文明生产	(1) 安全文明 1) 劳动保护用品穿戴整齐 2) 电工工具配备齐全 3) 遵守操作规程 4) 尊重监考教师，讲文明礼貌 5) 考试结束要清理考场 （2）当监考教师发现考生有重大事故隐患时，要立即予以制止 （3）考生故意违犯安全文明生产或发生重大事故，取消考试资格 （4）监考教师要在备注栏中注明考生违纪情况	（1）各项考试中，违反考核要求的任何一项扣 2 分，扣完为止 （2）考生在不同的技能试题考试中，违反安全文明生产考核要求同一项内容的，要累计扣 5 分 （3）当考评员发现考生有重大事故隐患时，要立即予以制止，并每次从考生安全文明生产总分中扣 5 分	10		

主要内容	考核要求	评分标准	配分	扣分	得分
备注		成绩			
		考评员签字	年　　月　　日		

训练项目 5　搅拌机电气控制线路的安装与调试

一、项目描述

某建筑工地的搅拌机需实现三相异步电动机的双重互锁正反转控制，该控制设备使用的三相异步电动机其额定功率为 5.5kW，额定电压为 380V，额定电流为 11.6A，试根据该控制要求对其进行选型与安装、调试。

二、训练目的

（1）学会常用低压电器元件的作用。

（2）掌握电气控制柜的设计方法和安装方法。

（3）熟悉电气控制柜的调试方法。

搅拌机电气
控制线路的
安装与调试

三、任务要求

（1）分析搅拌机控制线路的电路原理图，正确选择电气元件型号及导线规格，并按需求填写表 2-8 的目录清单。

（2）根据接线图进行安装、布线，并在断电情况下检测。

（3）在教师的指导下通电试车。

表 2-8　　　　　　　　　　　　训练项目设备及器材明细表

代号	名　称	型号与规格	数　量
	三相异步电动机		
	熔断器及熔芯配套		
	熔断器及熔芯配套		
	接触器		
	热继电器		
	三联按钮		
	端子排		
	主电路导线		
	控制电路导线		

代号	名　称	型号与规格	数　量
	按钮线		
	接地线		
	走线槽		
	控制板		
	异型编码套管		
	电工通用工具		
	万用表		
	兆欧表		
	网孔板		
	钳形电流表		
	劳保用品		

四、搅拌机电气控制线路原理图与接线图

（一）原理图

双重互锁正反转控制原理如图 2-11 所示。

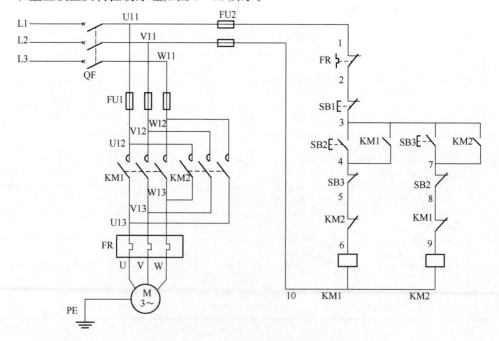

图 2-11　双重互锁正反转控制原理

（二）接线图

双重互锁正反转控制接线如图 2-12 所示。

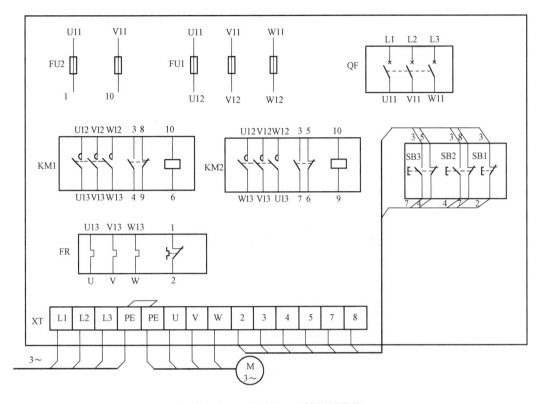

图 2-12　双重互锁正反转控制接线

五、安装工艺

（1）根据电器元件选配安装工具和控制板。

（2）绘制位置图，在控制板上按位置图固装电气元件，并贴上醒目的文字符号。

（3）绘制接线图，如图 2-12 所示，在控制板上按接线图的走线方法进行板前线槽明线布线和套编码套管。

（4）安装电动机。

（5）连接电动机和按钮金属外壳的保护接地线。

（6）连接电源、电动机等控制板外部的导线。

（7）自检布线的正确性、合理性、可靠性及元件安装的牢固性。确保无误后才能进行通电试车。

（8）交验。

（9）经指导教师检查合格后才能进行通电试车。通电时，由指导教师接通电源，并进行现场监护。如果出现故障，学生应独立进行检修。若需带电检修时，也必须有指导教师在现场监护。

（10）通电试车完毕，切断电源先拆除三相电源线，再拆除电动机负载线。

六、安装注意事项

（1）电动机及按钮的金属外壳必须可靠接地。接至电动机的导线必须穿在导线通道内加以保护，或采用坚韧的四芯橡皮线或塑料护套线进行临时通电校验。

（2）按钮内接线时，用力不可过猛，以防螺钉打滑。

（3）热继电器的热元件应串接在主电路中，其动断触头应串接在控制电路中。

（4）热继电器的整定电流应按电动机的额定电流自行调整。绝对不允许弯折双金属片。

（5）在一般情况下，热继电器应置于手动复位的位置上。若需要自动复位时，可将复位调节螺钉沿顺时针方向向里旋足。

（6）热继电器因电动机过载动作后，若需再次起动电动机，必须待热元件冷却后，才能使热继电器复位。一般自动复位时间大于 5min，手动复位时间大于 2min。

（7）起动电动机时，在按下起动按钮 SB2 的同时，必须按住停车按钮 SB1，以保证万一出现事故时可立即按下 SB1 停车，以防止事故扩大。

（8）通电试车时，合上电源开关 QF，按下正转起动按钮 SB2 或反转起动按钮 SB3，观察控制是否正常，并在按下 SB2 后再按下 SB3，观察有无联锁作用。如果同时按下 SB2 和 SB3 时，观察电动机运行情况。

（9）编码套管套装要正确。

（10）通电试车时必须有指导老师在现场，并做到安全文明生产。

七、电路检查

1. 检查电路

（1）按照原理图、接线图逐线核查。重点检查主电路各接触器之间的关系，按钮连接线及控制电路的自锁线、联锁线有无错接、漏接、脱落、虚接等现象。

（2）检查导线与各端子的接线是否牢固。

（3）用万用表检查线路通断情况，用手操作来模拟触头分合动作，将万用表拨在 $R \times 100$ 电阻挡位进行测量。

（4）先检查主电路后检查控制电路。检查方法如下：

1）检查主电路。在不接负载情况下，断开电源用万用表欧姆挡分别测量开关

QF 下端子 U_{12}-V_{12}、V_{12}-W_{12}、U_{12}-W_{12} 之间的电阻，应均为断路（$R \to \infty$）。若某次测量结果为短路（$R \to 0$），这说明所测两相之间的接线有短路现象，应仔细检查排除故障。

2）检查控制电路。断开电源用万用表欧姆挡将两表笔分别接在控制回路 L、N 两端，测量正转控制时分别按下接触器 KM1 的动触头（辅助动合触头闭合）或按钮 SB2，此时万用表应测得接触器 KM1 线圈电阻阻值，若在某次测量结果中出现无阻值现象，说明此线路接线有断路现象，应仔细检查，找出断路点，并排除故障。接下来做如下测试：当按下接触器 KM1 的动触头（辅助动合触头闭合时）万用表测得接触器 KM1 线圈电阻阻值，此时如果轻按接触器 KM2 动触头（辅助动合触头断开，动合触头未闭合时），万用表读数变化为无穷大（$R \to \infty$）。当按下正转起动按钮 SB2 时，万用表也将测得接触器 KM1 的线圈电阻阻值，此时若按下反转起动按钮 SB3，万用表读数应变化为无穷大（$R \to \infty$），这一现象说明电路接触器互锁和按钮互锁接线基本正确，可以进行通电试运行，再观察元器件的逻辑关系变化情况是否正常。反转控制测量原理同上，区别在于检测反转控制器件的起动、自锁、互锁之间的逻辑关系。

2. 试车

检查三相电源：将热继电器按电动机的额定电流整定好，在一人操作一人监护下进行试车。

（1）空操作试验。拆掉电动机绕组的连线，合上开关 QF。按下正转起动按钮 SB2，KM1 线圈通电动作，当按下反转起动按钮 SB3 时 KM1 线圈失电释放，KM2 线圈通电动作。此时按下停车按钮 SB1 时，KM2 线圈失电释放电路停止运行。重复操作几次，检查线路动作的可靠性。

（2）带负载试车。断开电源，恢复电动机连接线，并作好停车准备，合上开关 QF，接通电源。按下正转起动按钮 SB2，电动机通电起动，应注意电动机运行的声音，如电动机运行时发现异常现象，应立即停车检查后再投入运行，反转时按下 SB3 按钮注意事项同上。

3. 注意事项

（1）检修前先要掌握双重互锁起动控制电路中各个控制环节的作用和原理，并熟悉电动机的接线方法。

（2）在排除故障的过程中，故障分析、排除故障的思路和方法要正确。

（3）对用测电笔检测故障时，必须检查测电笔是否符合使用要求。

（4）不能随意更改线路和带电触摸电器元件。

（5）仪表使用要正确，以防止引出错误判断。

（6）在检修过程中严禁扩大和产生新的故障。

带电检修故障时，必须有指导教师在现场监护，并要确保用电安全。

八、调试现象记录及故障排除方案

九、项目考核

接触器按钮双重联锁正反转控制电路安装的配分、评分标准和安全文明生产评价单见表 2 - 9。

表 2 - 9　　　　　　　　配分、评分标准和安全文明生产评价单

主要内容	考核要求	评分标准	配分	扣分	得分
元件检查与安装	（1）按图纸的要求，正确利用工具和仪表、熟练地安装电气元件 （2）元件在配电盘上布置要合理，安装要正确紧固 （3）按钮盒固定在配电盘上	（1）电器元件错检或漏检每处扣3分 （2）元器件布置不整齐、不匀称、不合理，每只扣5分 （3）元件安装不牢固，安装元件时漏装螺钉，每只扣1分 （4）损坏元器件每只扣5分	10		
接线工艺	（1）布线要求走行线槽，接线要求紧固美观 （2）电源和电动机配线、按钮接线要接到端子排上，要注明引出端导线标号 （3）导线不能乱线敷设	（1）所有导线必须走行线槽，不可飞线布线，每根扣3分 （2）冷压端子压接导线时接点松动，接头铜过长，压绝缘层，标记线号不清楚，有遗漏或误标，每处扣2分 （3）损伤导线绝缘或线芯，每根扣2分 （4）漏接接地线扣3分 （5）导线乱线敷设每处扣10分	40		
功能试验	在保证人身和设备安全的前提下，通电试验一次成功	（1）不会使用仪表及测量方法不正确，每处扣3分 （2）根据电气控制原理要求，未达到主、控电路的各项功能实现，每处扣5分 （3）热继电器整定值错误扣2分 （4）一次试车不成功扣5分，二次试车不成功扣10分，此项扣完为止	40		
安全文明生产	（1）安全文明 1）劳动保护用品穿戴整齐 2）电工工具配备齐全 3）遵守操作规程 4）尊重监考教师，讲文明礼貌 5）考试结束要清理考场 （2）当监考教师发现考生有重大事故隐患时，要立即予以制止 （3）考生故意违犯安全文明生产或发生重大事故，取消考试资格 （4）监考教师要在备注栏中注明考生违纪情况	（1）各项考试中，违反考核要求的任何一项扣2分，扣完为止 （2）考生在不同的技能试题考试中，违反安全文明生产考核要求同一项内容的，要累计扣5分 （3）当评员发现考生有重大事故隐患时，要立即予以制止，并每次从考生安全文明生产总分中扣5分	10		

主要内容	考核要求	评分标准	配分	扣分	得分
备注		成绩			
		考评员签字　　　　　　　年　　月　　日			

训练项目 6　自动往返电气控制箱的安装与调试

一、项目描述

某型号设备需实现自动往返控制，该控制设备使用的三相异步电动机，其额定功率为 3kW，额定电压为 380V，额定电流为 6.3A，试根据该控制要求对其进行选型、安装与调试。

二、训练目的

（1）学会常用低压电器元件的作用。

（2）掌握电气控制箱的设计方法和安装方法。

（3）熟悉电气控制箱的调试方法。

三、任务要求

（1）正确选择电气元件型号及导线规格，并按需求填写表 2 - 10 的目录清单。

（2）根据接线图进行安装、布线，并在断电情况下检测。

（3）在教师的指导下通电试车。

表 2 - 10　　　　　　　　　训练项目设备及器材明细表

代号	名　称	型号与规格	数　量
	三相异步电动机		
	熔断器及熔芯配套		
	熔断器及熔芯配套		
	接触器		
	热继电器		
	三联按钮		
	端子排		
	主电路导线		
	控制电路导线		
	按钮线		
	接地线		

代号	名　称	型号与规格	数　量
	走线槽		
	控制板		
	异型编码套管		
	电工通用工具		
	万用表		
	兆欧表		
	钳形电流表		
	劳保用品		
	网孔板		

四、自动往返电气控制原理图与接线图

（一）原理图

自动往返电气原理如图 2-13 所示。

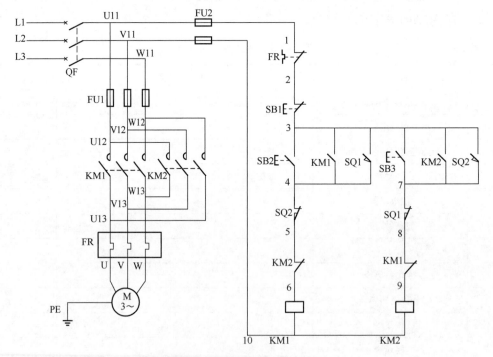

图 2-13　自动往返电气原理

（二）接线图

自动往返接线如图 2-14 所示。

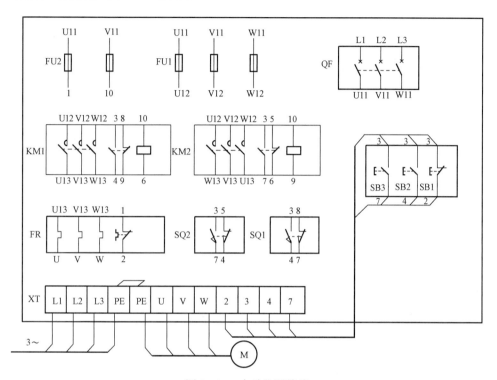

图 2-14　自动往返接线

五、安装工艺

（1）根据电器元件选配安装工具和控制板。

（2）绘制位置图，在控制板上按位置图固装电气元件，并贴上醒目的文字符号。

（3）绘制接线图，如图 2-14 所示，在控制板上按接线图的走线方法进行板前明线布线和套编码套管。

（4）安装电动机。

（5）连接电动机和按钮金属外壳的保护接地线。

（6）连接电源、电动机等控制板外部的导线。

（7）自检布线的正确性、合理性、可靠性及元件安装的牢固性。确保无误后才能进行通电试车。

（8）交验。

（9）经指导教师检查合格后才能进行通电试车。通电时，由指导教师接通电源，并进行现场监护。如果出现故障，学生应独立进行检修。若需带电检修时，也必须有指导教师在现场监护。

（10）通电试车完毕，先切断电源再拆除三相电源线，然后拆除电动机负载线。

六、安装注意事项

（1）电动机及按钮的金属外壳必须可靠接地。接至电动机的导线必须穿在导线通道内加以保护或采用坚韧的四芯橡皮线或塑料护套线进行临时通电校验。

（2）按钮内接线时，用力不可过猛，以防螺钉打滑。

（3）热继电器的热元件应串接在主电路中，其动断触头应串接在控制电路中。

（4）热继电器的整定电流应按电动机的额定电流自行调整。绝对不允许弯折双金属片。

（5）在一般情况下，热继电器应置于手动复位的位置上。若需要自动复位时，可将复位调节螺钉沿顺时针方向向里旋足。

（6）热继电器因电动机过载动作后，若需再次起动电动机，必须待热元件冷却后，才能使热继电器复位。一般自动复位时间大于5min，手动复位时间大于2min。

（7）起动电动机时，在按下起动按钮SB2的同时，必须按住停车按钮SB1，以保证万一出现事故时可立即按下SB1停车，以防止事故扩大。

（8）通电试车时，合上电源开关QS，按下正转起动按钮SB2或反转起动按钮SB3，观察控制是否正常，并在按下SB2后再按下SB3，观察有无联锁作用。如果同时按下SB2和SB3时，观察电动机运行情况。

（9）编码套管套装要正确。

（10）通电试车时必须有指导老师在现场，并做到安全文明生产。

七、电路检查

1. 检查线路

（1）按照原理图、接线图逐线核查。重点检查主电路各接触器之间的关系，按钮连接线及控制电路的自锁线、联锁线有无错接、漏接、脱落、虚接等现象。

（2）检查导线与各端子的接线是否牢固。

（3）用万用表检查线路通断情况，用手操作来模拟触头分合动作，将万用表拨在 $R \times 100$ 电阻挡位进行测量。

（4）先检查主电路后检查控制电路。检查方法如下：

1）检查主电路。在不接负载情况下，断开电源用万用表欧姆挡分别测量开关QF下端子 $U_{12}\text{-}V_{12}$、$V_{12}\text{-}W_{12}$、$U_{12}\text{-}W_{12}$，应均为断路（$R \to \infty$）。若某次测量结果为短路（$R \to$

0），这说明所测两相之间的接线有短路现象，应仔细检查排除故障。

2）检查控制电路。断开电源，用万用表欧姆挡将两表笔分别接在控制回路 L、N 两端，测量正转控制时分别按下接触器 KM1 的动触头（辅助动合触头闭合）或按钮 SB2、行程开关 SQ1 经三次测量万用表能够分别显示出接触器 KM1 线圈电阻阻值，若有一次无阻值显示，说明此线路接线有断路现象，应仔细检查，找出断路点，并排除故障。如果三次测量中均有 KM1 线圈电阻阻值，此时测量中如果同时按下接触器 KM1 和 KM2，或同时按下 SQ1 和 SQ2 行程开关，万用表读数均变化为无穷大（$R \rightarrow \infty$），说明电路接触器互锁和限位（行程开关）互锁控制线路基本正确，可以进行通电试运行，然后观察元器件的逻辑转换关系是否正确。

2. 试车

检查三相电源将热继电器按电动机的额定电流整定好，在一人操作一人监护下进行试车。

（1）空操作试验。拆掉电动机绕组的连线，合上开关 QF。按下正转起动按钮 SB2 时，KM1 线圈通电动作；当按下限位开关 SQ2 时，KM1 线圈失电释放，KM2 线圈通电动作。此时按下停车按钮 SB1，KM1 或 KM2 线圈失电释放。重复操作几次，检查线路动作的可靠性。

（2）带负载试车。断开电源，恢复电动机连接线，并作好停车准备，合上开关 QF，接通电源。按下正转起动按钮 SB2，电动机通电起动，应注意电动机运行的声音，如电动机运行时发现异常现象，应立即停车检查后再投入运行，反转时按下 SQ2 限位开关，注意事项同上。

3. 注意事项

（1）检修前先要掌握自动往返控制电路中各个控制环节的作用和原理，并熟悉电动机的接线方法。

（2）在排除故障的过程中，故障分析、排除故障的思路和方法要正确。

（3）对用测电笔检测故障时，必须检查测电笔是否符合使用要求。

（4）不能随意更改线路和带电触摸电器元件。

（5）仪表使用要正确，以防止引出错误判断。

（6）在检修过程中严禁扩大和产生新的故障。

（7）带电检修故障时，必须有指导教师在现场监护，并要确保用电安全。

八、调试现象记录及故障排除方案

九、项目考核

配分、评分标准和安全文明生产评价单见表 2-11。

表 2 - 11 　　　　　配分、评分标准和安全文明生产评价单

主要内容	考核要求	评分标准	配分	扣分	得分
元件检查与安装	（1）按图纸的要求，正确利用工具和仪表、熟练地安装电气元件 （2）元件在配电盘上布置要合理，安装要正确紧固 （3）按钮盒固定在配电盘上	（1）电器元件错或漏检每处扣 3 分 （2）元器件布置不整齐、不匀称、不合理，每只扣 5 分 （3）元件安装不牢固，安装元件时漏装螺钉，每只扣 1 分 （4）损坏元器件每只扣 5 分	10		
接线工艺	（1）布线要求走行线槽，接线要求紧固美观 （2）电源和电动机配线、按钮接线要接到端子排上，要注明引出端导线标号 （3）导线不能乱线敷设	（1）所有导线必须走行线槽，不可飞线布线，每根扣 3 分 （2）冷压端子压接导线时接点松动，接头铜过长，压绝缘层，标记线号不清楚，有遗漏或误标，每处扣 2 分 （3）损伤导线绝缘或线芯，每根扣 2 分 （4）漏接地线扣 3 分 （5）导线乱线敷设每处扣 10 分	40		
功能试验	在保证人身和设备安全的前提下，通电试验一次成功	（1）不会使用仪表及测量方法不正确，每处扣 3 分 （2）根据电气控制原理要求，未达到主、控电路的各项功能实现，每处扣 5 分 （3）热继电器整定值错误扣 2 分 （4）一次试车不成功扣 5 分，二次试车不成功扣 10 分，此项扣完为止	40		
安全文明生产	（1）安全文明 1）劳动保护用品穿戴整齐 2）电工工具配备齐全 3）遵守操作规程 4）尊重监考教师，讲文明礼貌 5）考试结束要清理考场 （2）当监考教师发现考生有重大事故隐患时，要立即予以制止 （3）考生故意违犯安全文明生产或发生重大事故，取消考试资格 （4）监考教师要在备注栏中注明考生违纪情况	（1）各项考试中，违反考核要求的任何一项扣 2 分，扣完为止 （2）考生在不同的技能试题考试中，违反安全文明生产考核要求同一项内容的，要累计扣 5 分 （3）当考评员发现考生有重大事故隐患时，要立即予以制止，并每次从考生安全文明生产总分中扣 5 分	10		
备注		成绩			
		考评员签字	年	月	日

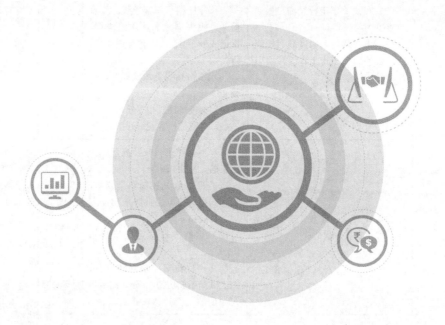

训练项目 7　供热加压泵站电气控制柜的安装与调试

一、项目描述

某供热加压泵站需实现 Y‐△降压起动控制，该控制设备使用的三相异步电动机，其额定功率为 55kW，额定电压为 380V，额定电流为 103A，试根据该控制要求对其进行选型、安装与调试。

二、训练目的

（1）学会常用低压电器元件的作用。

（2）掌握电气控制箱的设计方法和安装方法。

（3）熟悉电气控制箱的调试方法。

三、任务要求

（1）分析供热加压泵站系统电路原理图，正确选择电气元件型号及导线规格，并按需求填写表 2‐12 目录清单。

（2）根据接线图进行安装、布线。

（3）在教师的指导下通电试车。

表 2‐12　　　　　　　　　　　训练项目设备及器材明细表

代号	名　称	型号与规格	数　量
	三相异步电动机		
	熔断器及熔芯配套		
	熔断器及熔芯配套		
	接触器		
	时间继电器		
	热继电器		
	三联按钮		
	端子排		
	主电路导线		
	控制电路导线		
	按钮线		
	接地线		

续表

代　号	名　　　称	型号与规格	数　　量
	走线槽		
	控制板		
	异型编码套管		
	电工通用工具		
	万用表		
	兆欧表		
	钳形电流表		
	网孔板		
	劳保用品		

四、供热加压泵站电气控制原理图与接线图

（一）原理图

Y-△降压起动电气原理如图 2-15 所示。

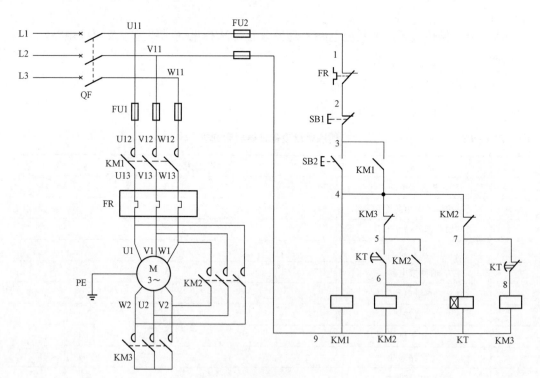

图 2-15　Y-△降压起动电气原理

（二）接线图

Y-△降压起动接线如图 2-16 所示。

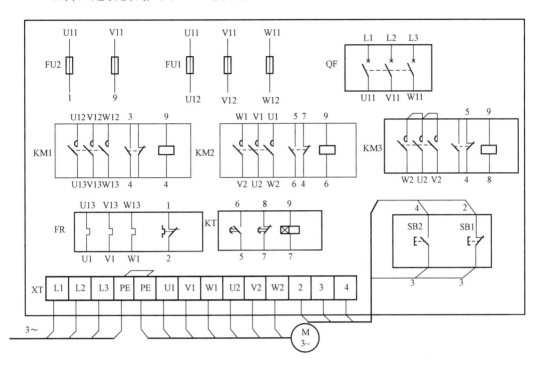

图 2-16　Y-△降压起动接线

五、安装工艺

（1）根据电气元件选配安装工具和控制板。

（2）绘制位置图，在控制板上按位置图固装电气元件，并贴上醒目的文字符号。

（3）绘制接线图，如图 2-16 所示，控制板上按接线图的走线方法进行板前明线布线和套编码套管。

（4）安装电动机。

（5）连接电动机和按钮金属外壳的保护接地线。

（6）连接电源、电动机等控制板外部的导线。

（7）自检布线的正确性、合理性、可靠性及元件安装的牢固性，确保无误后进行试车。

（8）交验。

（9）经指导教师检查合格后才能进行通电试车。

（10）通电试车完毕，先拆除三相电源线，再拆除电动机负载线。

六、安装注意事项

（1）电动机及按钮的金属外壳必须可靠接地。接至电动机的导线必须穿在导线通道内加以保护，或采用坚韧的四芯橡皮线或塑料护套线进行临时通电校验。

（2）Y-△减压起动的电动机必须有 6 个出线端子且定子绕组在△形连接时的额定电压等于三相电源线电压。

（3）按钮内接线时，用力不可过猛，以防螺钉打滑。

（4）热继电器的热元件应串接在主电路中，其动断触头应串接在控制电路中。

（5）热继电器的整定电流应按电动机的额定电流自行调整，绝对不允许弯折双金属片。

（6）时间继电器和热继电器的整定值，应在不通电时预先整定好，并在试车时校正。

（7）时间继电器的安装位置，必须使时间继电器断电后，动铁心释放时的运动方向垂直向下。

（8）接线时要保证电动机△形连接的正确性，即接触器 KM2 主触头闭合时，应保证定子绕组的 U1 与 W2、V1 与 U2、W1 与 V2 相连接。

（9）接触器 KM3 的进线必须从三相定子绕组的末端引入，若误将其从首端引入，则在 KM3 吸合时，会产生三相电源短路事故。

（10）编码套管套装要正确。

（11）通电试车时必须有指导教师在现场，并做到安全文明生产。

（12）在通电试车时，学生就根据 Y-△减压起动控制电路的控制要求进行独立校验，如果出现故障应能自行排除。

七、电路检查

1. 检查线路

（1）按照原理图、接线图逐线核查。重点检查主电路各接触器之间的关系，Y、△连接的连接线及控制电路的自锁线、联锁线有无错接、漏接、脱落、虚接等现象。

（2）检查导线与各端子的接线是否牢固。

（3）用万用表检查线路通断情况，用手操作来模拟触头分合动作，将万用表拨在 $R \times 100$ 电阻挡位进行测量。

（4）先检查主电路后检查控制电路。检查方法如下：

1）检查主电路。在不接负载的情况下，断开电源用万用表欧姆挡分别测量开关 QF 下端子 U_{12}-V_{12}、V_{12}-W_{12}、U_{12}-W_{12} 之间的电阻，再按下接触器 KM1 使其主触头闭合，然后分别按下 KM2、KM3 接触器测量各相间电阻万用表读数应均为断路（$R→∞$）。若某次测量结果为短路（$R→0$），这说明所测两相之间的接线有短路现象，应仔细检查排除故障。

带上负载时：

Y 起动电路，同时按下接触器 KM1 和 KM3 的动触头，重复上述测量，用万用表应分别测得电动机各相绕组的阻值，且阻值大小基本相同。若某次测量结果为断路（$R→∞$），这说明所测两相之间的接线有断路现象，应仔细检查，找出断路点，并排除故障。

△起动电路，同时按下接触器 KM1 和 KM2 的动触头，重复上述测量，用万用表应分别测得电动机两相绕组串联后电阻值，且阻值大小基本相同。若某次测量结果为断路（$R→∞$），这说明所测两相之间的接线有断路现象。

2）检查控制电路，将万用表表笔接到 L1、N 处进行以下检查：

按下起动按钮 SB2，万用表将测得 KM1、KT 和 KM3 三个线圈的并联电阻阻值。当按下接触器 KM1 的动触头，（辅助动合触头闭合）也应测出 KM1、KT 和 KM3 三个线圈的并联电阻阻值；若有一次无阻值显示说明此线路接线有断路现象，应仔细检查，找出断路点，并排除故障。接下来再做如下测量：单独按下接触器 KM1 动触头（辅助动合触头闭合），万用表测得 KM1、KT 和 KM3 三个线圈的并联电阻阻值，若此时轻按接触器 KM2（辅助动断点断开、动合点还未闭合时）三个线圈的并联电阻值将失去 KT 和 KM3 两组线圈，保留 KM1 一组线圈电阻阻值，此时万用表读数将变大。如果这时将接触器 KM2 完全按下使接触器 KM2 辅助动合点闭合，这时应测得 KM1、KM2 两个线圈并联电阻值，万用表读数变小。这一现象说明控制电路起动和 Y、△转换基本正确，可以进行通电试运行，然后观察元器件逻辑关系是否正确，再做相应的调整。如无上述现象，线路有错误点，需认真检查线路排除故障。

2. 试车

检查三相电源：将热继电器按电动机的额定电流整定好，在一人操作一人监护下进行试车。

（1）空操作试验。拆掉电动机绕组的连线，合上开关 QF。按下起动按钮 SB2，KM1、KM3 和 KT 线圈应同时通电动作，待 KT 的延时断开触头分断后，KM3 断电释放，同时 KT 的延时闭合触头接通，KM2 线圈通电动作，KM2 动断触头分断，KM3 和 KT 退出运行。按下停车按钮 SB1 时，KM1 和 KM2 同时释放。重复操作几次，检查线路动作的可靠性。

（2）带负载试车。断开电源，恢复电动机连接线，并作好停车准备，合上开关 QF，接通电源。按下起动按钮 SB2，电动机通电起动，应注意电动机运行的声音，待几秒后线路转换，观察电动机是否全压运行转速达到额定值。若 Y - △转换时间不合适，可调节 KT 的延时旋钮，使延时转换时间更准确。如电动机运行时发现异常现象，应立即停车检查。

3. 注意事项

（1）检修前先要掌握 Y - △减压起动控制电路中各个控制环节的作用和原理，并熟悉电动机的接线方法。

（2）在排除故障的过程中，故障分析、排除故障的思路和方法要正确。

（3）对用测电笔检测故障时，必须检查测电笔是否符合使用要求。

（4）不能随意更改线路和带电触摸电器元件。

（5）仪表使用要正确，以防止引出错误判断。

（6）在检修过程中严禁扩大和产生新的故障。

（7）带电检修故障时，必须有指导教师在现场监护，并要确保用电安全。

八、调试现象记录及故障排除方案

九、项目考核

Y - △减压起动控制电路安装的配分、评分标准和安全文明生产评价单见表 2 - 13。

表 2 - 13　　　　　　　　　配分、评分标准和安全文明生产评价单

主要内容	考核要求	评分标准	配分	扣分	得分
元件检查与安装	（1）按图纸的要求，正确利用工具和仪表、熟练地安装电气元件 （2）元件在配电盘上布置要合理，安装要正确紧固 （3）按钮盒固定在配电盘上	（1）电器元件错检或漏检每处扣 3 分 （2）元器件布置不整齐、不匀称、不合理，每只扣 5 分 （3）元件安装不牢固，安装元件时漏装螺钉，每只扣 1 分 （4）损坏元器件每只扣 5 分	10		
接线工艺	（1）布线要求走行线槽，接线要求紧固美观 （2）电源和电动机配线、按钮接线要接到端子排上，要注明引出端导线标号 （3）导线不能乱线敷设	（1）所有导线必须走行线槽，不可飞线布线，每根扣 3 分 （2）冷压端子压接导线时接点松动，接头铜过长，压绝缘层，标记线号不清楚，有遗漏或误标，每处扣 2 分 （3）损伤导线绝缘或线芯，每根扣 2 分 （4）漏接地线扣 3 分 （5）导线乱线敷设每处扣 10 分	40		
功能试验	在保证人身和设备安全的前提下，通电试验一次成功	（1）不会使用仪表及测量方法不正确，每处扣 3 分 （2）根据电气控制原理要求，未达到主、控电路的各项功能实现，每处扣 5 分 （3）热继电器整定值错误扣 2 分 （4）一次试车不成功扣 5 分，二次试车不成功扣 10 分，此项扣完为止	40		
安全文明生产	（1）安全文明 1）劳动保护用品穿戴整齐 2）电工工具配备齐全 3）遵守操作规程 4）尊重监考教师，讲文明礼貌 5）考试结束要清理考场 （2）当监考教师发现考生有重大事故隐患时，要立即予以制止 （3）考生故意违犯安全文明生产或发生重大事故，取消考试资格 （4）监考教师要在备注栏中注明考生违纪情况	（1）各项考试中，违反考核要求的任何一项扣 2 分，扣完为止 （2）考生在不同的技能试题考试中，违反安全文明生产考核要求同一项内容的，要累计扣 5 分 （3）当考评员发现考生有重大事故隐患时，要立即予以制止，并每次从考生安全文明生产总分中扣 5 分	10		
备注		成绩			
		考评员签字	年	月	日

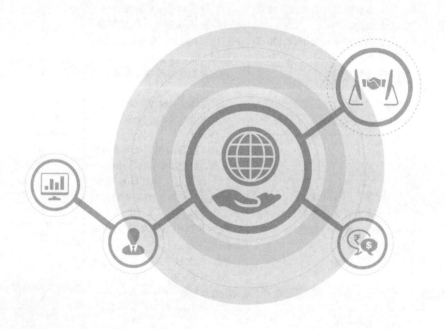

训练项目 8　双向运转半波能耗制动电路的安装

一、资讯

该控制设备使用的三相异步电动机，其额定功率为 3kW，额定电压为 380V，额定电流为 6.3A，试根据该控制要求对其进行选型、安装与调试。

双向运转半波能耗制动电路的安装

(1) 学会常用低压电器元件的作用。

(2) 掌握双向运转半波能耗制动电路的设计方法和安装方法。

(3) 熟悉双向运转半波能耗制动电路的调试方法。

二、决策

(1) 根据设计要求，正确选择电气元件型号及导线规格，并按需求填写目录清单。

(2) 设计并绘制电气接线图。

(3) 对导线进行线号标识。

(4) 根据接线图进行安装、布线。

(5) 在教师的指导下通电试车。

三、计划

训练项目设备及器材明细表见表 2-14。

表 2-14　　　　　　　　　　训练项目设备及器材明细表

代号	名　称	型号与规格	数　量

续表

代号	名 称	型号与规格	数 量

四、实施

双向运转半波能耗制动电路如图 2 - 17 所示。

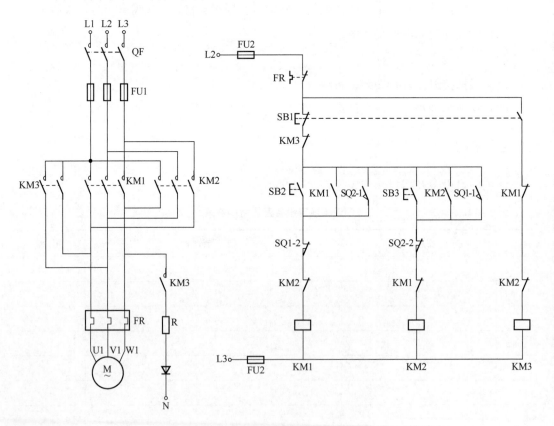

图 2 - 17　双向运转半波能耗制动电路

五、检查

1. 检查线路

（1）按照原理图（见图 2‐17）、接线图逐线核查。重点检查主电路各接触器之间的关系，按钮连接线及控制电路的自锁线、联锁线有无错接、漏接、脱落、虚接等现象。

（2）检查导线与各端子的接线是否牢固。

（3）用万用表检查线路通断情况，用手操作来模拟触头分合动作，将万用表拨在 $R\times100$ 电阻挡位进行测量。

（4）先检查主电路后检查控制电路。检查方法如下：

1）检查主电路。在不接负载情况下，断开电源用万用表欧姆挡分别测量开关 QF 下端子 U_{12}-V_{12}、V_{12}-W_{12}、U_{12}-W_{12} 之间的电阻，应均为断路（$R\to\infty$）。若某次测量结果为短路（$R\to0$），这说明所测两相之间的接线有短路现象，应仔细检查排除故障。在接上三相电动机时分别按下接触器 KM1 或 KM2 时，将测得电动机的各相绕组阻值。

2）检查控制电路。断开电源，用万用表欧姆挡将两表笔分别接在控制回路 L、N 两端，测量正转控制时分别按下接触器 KM1 的动触头（辅助动合触头闭合）或按钮 SB2、行程开关 SQ2 经三次测量万用表能够分别测得接触器 KM1 线圈电阻阻值，若有一次无阻值显示说明此线路接线有断路现象，应仔细检查，找出断路点，并排除故障。如果三次测量中均有 KM1 线圈阻值显示时，此时如果按下接触器 KM3 的动触头（辅助动断触头断开），万用表读数将变化为无穷大（$R\to\infty$），当电路同时按下 KM1 和 KM2 或同时按下 SQ1 和 SQ2 时，万用表读数也将变化为无穷大（$R\to\infty$），说明电路有接触器互锁和限位（行程开关）互锁。检测反转控制时分别按下接触器 KM2 或按钮 SB3，行程开关 SQ1 将会测得 KM2 线圈电阻，具体测量方法同上。

测量制动控制时按下 SB1 复合按钮（动断触点断开、动合触点闭合），此时万用表将测得接触器 KM3 线圈电阻阻值，若轻按接触器 KM1 和 KM2（注意用力方法应使接触器辅助动断触点断开，辅助动合触点还未闭合时）万用表读数将变化为无穷大（$R\to\infty$），这一现象说明接触器 KM1、KM2 对接触器 KM3 有联锁作用，控制线路基本正确，可以进行通电试运行，然后查看元器件逻辑运行关系是否正确。

2. 注意事项

（1）检修前先要掌握双向运转半波整流能耗制动控制电路中各个控制环节的作用和原理，并熟悉电动机的接线方法。

（2）在排除故障的过程中，故障分析、排除故障的思路和方法要正确。

（3）此电路能耗制动时为手动控制，当电机停转时应及时松开 SB1 停止按钮。

六、调试现象记录及故障排除方案

七、项目考核

配分、评分标准和安全文明生产评价单见表 2-15。

表 2 - 15　　　　　　　　配分、评分标准和安全文明生产评价单

主要内容	考核要求	评分标准	配分	扣分	得分
元件检查与安装	（1）按图纸的要求，正确利用工具和仪表、熟练地安装电气元件 （2）元件在配电盘上布置要合理，安装要正确紧固 （3）按钮盒固定在配电盘上	（1）电器元件错检或漏检每处扣 3 分 （2）元器件布置不整齐、不匀称、不合理，每只扣 5 分 （3）元件安装不牢固，安装元件时漏装螺钉，每只扣 1 分 （4）损坏元器件每只扣 5 分	10		
接线工艺	（1）布线要求走行线槽，接线要求紧固美观 （2）电源和电动机配线、按钮接线要接到端子排上，要注明引出端导线标号 （3）导线不能乱线敷设	（1）所有导线必须走行线槽，不可飞线布线，每根扣 3 分 （2）冷压端子压接导线时接点松动，接头铜过长，压绝缘层，标记线号不清楚，有遗漏或误标，每处扣 2 分 （3）损伤导线绝缘或线芯，每根扣 2 分 （4）漏接接地线扣 3 分 （5）导线乱线敷设每处扣 10 分	40		
功能试验	在保证人身和设备安全的前提下，通电试验一次成功	（1）不会使用仪表及测量方法不正确，每处扣 3 分 （2）根据电气控制原理要求，未达到主、控电路的各项功能实现，每处扣 5 分 （3）热继电器整定值错误扣 2 分 （4）一次试车不成功扣 5 分，二次试车不成功扣 10 分，此项扣完为止	40		
安全文明生产	（1）安全文明 1）劳动保护用品穿戴整齐 2）电工工具配备齐全 3）遵守操作规程 4）尊重监考教师，讲文明礼貌 5）考试结束要清理考场 （2）当监考教师发现考生有重大事故隐患时，要立即予以制止 （3）考生故意违犯安全文明生产或发生重大事故，取消考试资格 （4）监考教师要在备注栏中注明考生违纪情况	（1）各项考试中，违反考核要求的任何一项扣 2 分，扣完为止 （2）考生在不同的技能试题考试中，违反安全文明生产考核要求同一项内容的，要累计扣 5 分 （3）当考评员发现考生有重大事故隐患时，要立即予以制止，并每次从考生安全文明生产总分中扣 5 分	10		
备注		成绩			
		考评员签字	年	月	日

训练项目 9　双速异步电动机自动加速电路的安装

一、资讯

该控制设备使用的三相异步电动机，其额定功率为 0.85kW，额定电压为 380V，额定电流为 2.2A，试根据该控制要求对其进行选型、安装与调试。

(1) 学会常用低压电器元件的作用。

(2) 掌握双速异步电动机自动加速电路的设计方法和安装方法。

(3) 熟悉双速异步电动机自动加速电路的调试方法。

二、决策

(1) 根据设计要求，正确选择电气元件型号及导线规格，并按需求填写目录清单。

(2) 设计并绘制电气接线图。

(3) 对导线进行线号标识。

(4) 根据接线图进行安装、布线。

(5) 在教师的指导下通电试车。

三、计划

训练项目设备及器材明细表见表 2 - 16。

表 2 - 16　　　　　　　　　　　训练项目设备及器材明细表

代号	名　称	型号与规格	数　量

四、实施

双速异步电动机自动加速电路原理图如图 2-18 所示。

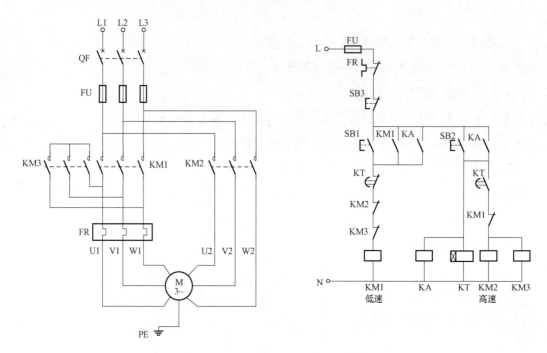

图 2-18 双速异步电动机自动加速电路原理图

五、检查

1. 检查线路

（1）按照原理图（见图 2-18）、接线图逐线核查。重点检查主电路各接触器之间的关系，按钮连接线及控制电路的自锁线、联锁线有无错接、漏接、脱落、虚接等现象。

（2）检查导线与各端子的接线是否牢固。

（3）用万用表检查线路通断情况，用手操作来模拟触头分合动作，将万用表拨在 $R \times 100$ 电阻挡位进行测量。

（4）先检查主电路后检查控制电路。检查方法如下：

1）检查主电路。在不接负载情况下，断开电源用万用表欧姆挡分别测量开关 QF 下端子 U_{12}-V_{12}、V_{12}-W_{12}、U_{12}-W_{12} 之间的电阻，应均为断路（$R \to \infty$）。若某次测量结果为短路（$R \to 0$），这说明所测两相之间的接线有短路现象，应仔细检查排除故障。

2）检查控制电路。断开电源，用万用表欧姆挡将两表笔分别接在控制回路 L、N 两端，测量起动控制时按下起动按钮 SB2，万用表能够测得接触器 KM1 和中间继电器 KA 两组线圈的并联电阻阻值。下一步，按下中间继电器 KA 的动触头（辅助动合触头两对同时闭合），此时万用表能够测得接触器 KM1、中间继电器 KA、时间继电器 KT 三组线圈的并联电阻阻值，此时若保持导通状态，当轻按接触器 KM3 的动触头（注意辅助动断触头断开、动合触头未闭合时）将失去 KM1 线圈电阻阻值。此时，万用表的读数变大，只测得 KA、KT 的两组线圈并联电阻阻值，如果将 KM3 动触头完全按下（KM3 两对辅助动合触头同时闭合），万用表读数变小，将测得 KM2、KM3、KA、KT 四组线圈的并联电阻阻值，这一现象表明控制线路基本正确，可以通电试运行，然后查看元器件逻辑转换是否正确。

2. 注意事项

（1）检修前先要掌握双速电动机自动加速控制电路中各个控制环节的作用和原理，并熟悉电动机的接线方法。

（2）在排除故障的过程中，故障分析、排除故障的思路和方法要正确。

（3）电动机通电起动，应注意电动机运行的声音，待几秒后线路转换，观察电动机低速与高速是否为同一旋转方向。若高、低转速转换时间不合适，可调节时间继电器的延时旋钮，如电动机运行时发现异常现象，应立即停车检查。

六、调试现象记录及故障排除方案

七、项目考核

配分、评分标准和安全文明生产评价单见表 2 - 17。

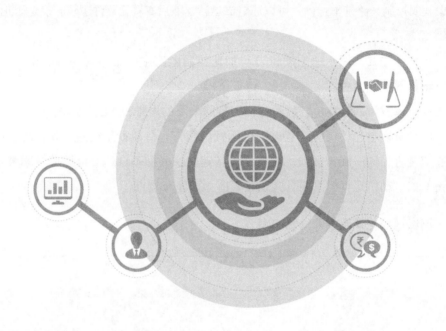

表 2 - 17　　　　　　　　　　　**配分、评分标准和安全文明生产评价单**

主要内容	考核要求	评分标准	配分	扣分	得分
元件检查与安装	（1）按图纸的要求，正确利用工具和仪表、熟练地安装电气元件 （2）元件在配电盘上布置要合理，安装要正确紧固 （3）按钮盒固定在配电盘上	（1）电器元件错检或漏检每处扣 3 分 （2）元器件布置不整齐、不匀称、不合理，每只扣 5 分 （3）元件安装不牢固，安装元件时漏装螺钉，每只扣 1 分 （4）损坏元器件每只扣 5 分	10		
接线工艺	（1）布线要求走行线槽，接线要求紧固美观 （2）电源和电动机配线、按钮接线要接到端子排上，要注明引出端导线标号 （3）导线不能乱线敷设	（1）所有导线必须走行线槽，不可飞线布线，每根扣 3 分 （2）冷压端子压接导线时接点松动，接头铜过长，压绝缘层，标记线号不清楚，有遗漏或误标，每处扣 2 分 （3）损伤导线绝缘或线芯，每根扣 2 分 （4）漏接接地线扣 3 分 （5）导线乱线敷设每处扣 10 分	40		
功能试验	在保证人身和设备安全的前提下，通电试验一次成功	（1）不会使用仪表及测量方法不正确，每处扣 3 分 （2）根据电气控制原理要求，未达到主、控电路的各项功能实现，每处扣 5 分 （3）热继电器整定值错误扣 2 分 （4）一次试车不成功扣 5 分，二次试车不成功扣 10 分，此项扣完为止	40		
安全文明生产	（1）安全文明 1）劳动保护用品穿戴整齐 2）电工工具配备齐全 3）遵守操作规程 4）尊重监考教师，讲文明礼貌 5）考试结束要清理考场 （2）当监考教师发现考生有重大事故隐患时，要立即予以制止 （3）考生故意违犯安全文明生产或发生重大事故，取消考试资格 （4）监考教师要在备注栏中注明考生违纪情况	（1）各项考试中，违反考核要求的任何一项扣 2 分，扣完为止 （2）考生在不同的技能试题考试中，违反安全文明生产考核要求同一项内容的，要累计扣 5 分 （3）当考评员发现考生有重大事故隐患时，要立即予以制止，并每次从考生安全文明生产总分中扣 5 分	10		
备注		成绩			
		考评员签字	年	月	日

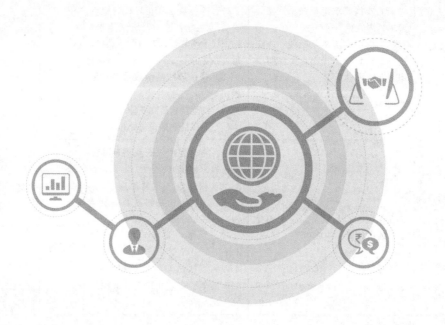

【拓展阅读　厉害了！我的国——高铁之"心"】

中国新四大发明
之一——我的
国高铁之"心"

2017 年，来自"一带一路"沿线的 20 国青年评选出了他们心目中中国的"新四大发明"：高铁、支付宝、共享单车和网购。据统计，中国投入运营的高速铁路已达到 6800 多 km。中国已成为世界上高速铁路系统技术最全、集成能力最强、运营里程最长、运行速度最高、在建规模最大的国家。

牵引传动系统在业内被称为"列车之心"，其性能在某种程度上决定了列车的动力品质、能耗和控制特性，也影响着列车的经济性、舒适性与可靠性，是节能升级的关键。目前，世界上的牵引传动系统分为三种类型：世界轨道交通车辆牵引系统的第一代是直流电机牵引系统，第二代是起步于 20 世纪 70 年代的交流异步电机牵引系统，为当前的主流技术。异步电机在瞬时负载变化较为复杂的高铁牵引系统中表现出的性能优势更加明显。而同步电机则适用于需要长时间稳定转速时的牵引系统。不同的牵引系统在不同的工况下性能各有千秋。

而对轨道交通牵引技术来说，永磁牵引系统是一场革命，谁拥有永磁牵引系统，谁就拥有高铁的话语权。因为永磁牵引系统是列车的动力系统，由变流器和电机两大部分组成，其中变流器相当于列车的心脏，电机好比是列车的肌肉。电机主要负责传达动力，完成电能到机械能转变，带动列车平稳行驶。

虽然西门子、庞巴迪等国际设备制造商均将永磁牵引系统作为其研发方向，但在这个新兴领域，中国并没有输在起点。在交流异步电机牵引系统研发阶段，我国比国外落后了 20 来年。在更先进的永磁同步领域，我们就像是没有车灯的汽车，在黑灯瞎火的山路上摸索，方向稍有把握不准，后果不仅仅是跑偏。在没有任何可以借鉴的资料，也缺少研发测试用的相关设备的条件下，中国中车旗下株洲电力机车研究所有限公司（下称"株洲所"）攻克了第三代轨道交通牵引技术我国的高速列车都采用电力驱动，掌握完全自主知识产权，成为中国高铁制胜市场的一大战略利器。

在研发过程中，电机控温是项目进展最大的瓶颈。为避免水、灰尘、铁屑等腐蚀电机内部永磁体，电机采用全封闭结构，但由于电机功率太大，发热过高，永磁材料在高温、振动和反向强磁场等条件下，可能发生不可恢复性失磁的严重风险。如果列车在高速运行时失磁，后果不可想象。同时，没有任何可以借鉴的资料，也缺少研发测试用的相关设备也是研发的困难之一。不少数据仍要依靠比较原始的笨办法。比如说，电机升温试验一做就是五六个小时，电机温控数据就人工全程蹲守来记录，这样来慢慢积累。

研发团队成立 8 年后，在 2011 年底，株洲所永磁牵引系统在沈阳地铁 2 号线成功装车，实现了国内轨道交通领域的首次应用，结束了中国铁路没有永磁牵引系统的历史。株洲所也成为我国唯一掌握自主永磁牵引系统全套技术的企业。截至 2020 年，株洲所的牵引系统在城市轨道列车市场占有率达 57%，未来将逐步以永磁牵引系统取代异步电机系统。

同时，永磁同步牵引系统因其高效率、高功率密度的显著优势，代表了当前提倡节能减排、绿色环保的技术发展趋势，成为各大发达国家竞相研究的技术热点。有数据显示，株洲所研发的 690kW 永磁同步电机，比目前主流的异步电机功率提高 60%，电机损耗降低 70%。在 2020 年前后，我国已建设约 100 条城市轨道交通线路，其中新建线路 60% 采用永磁牵引系统，产值达到 100 亿元，全国每年新线运营能耗节约 2.4 亿元。更为重要的是，永磁驱动技术不仅在轨道交通领域引发了技术革命，而且还是新能源汽车、超高速永磁驱动离心商用空调、风力发电等领域的核心技术，是我们高端装备技术进步的基石。

牵引系统性能的优劣决定了列车的技术水准。我国自主研发的高速动车组 690kW 永磁同步牵引系统使我国高速铁路拥有了世界上最先进的牵引技术，有力地提升了我国高速铁路的技术水平，再次向世界表明我国高速铁路完全具备自主创新的技术能力。

在奋进新时代的征程中，高职高专学生作为未来的科技工作者要想获得社会的认可，要对社会做出贡献，必须树立以改革创新为核心的时代精神，要勇于突破陈规、大胆探索、勇于创造；要培养不甘落后、奋勇争先、追求进步的责任感和使命感，以只争朝夕的奋发精神和竞争意识自我激励；要保持坚忍不拔、自强不息、锐意进取的精神状态，有"咬定青山不放松"的韧劲和"生命不息，奋斗不止"的拼劲。

（资料来源：李永华：《中国高铁用上世界最先进的牵引技术》，《中国经济周刊》，2020 年 6 月 24 日，有改动）

【思考与讨论】

1. 株洲所一步步打造属于中国的自主品牌的过程体现了哪些时代精神？

2. 你认为作为新时代青年弘扬改革创新精神的价值何在？

模块3

生产实践训练项目

实践项目 1 电动葫芦起重控制电路

一、项目描述

电动葫芦是一种小型的起重机械，其作用是帮助升降移动、卸载重物等，以减轻劳动强度和提高劳动效率。它由电动机、减速装置、制动装置、运行机构、卷筒或链轮、吊具及电气控制等部分组成，其运用领域为制造、仓储、物流等。

二、训练目的

（1）学会常用低压电器元件的作用。

（2）掌握电气控制的设计方法和安装方法。

（3）熟悉电气控制的调试方法。

（4）能够正确选取并使用电工常用工具和设备，树立安全生产意识。

（5）培养执着专注的工匠精神与生产实践能力。

三、任务要求

（1）分析电动葫芦起重控制电路原理，正确选择电气元件型号及导线规格，并按需要填写表 3-1 中的实践项目器件使用清单。

（2）根据接线图进行安装、布线，并在断电情况下检测。

（3）在教师的指导下通电试车，达到电动葫芦起重控制要求。

表 3-1 实践项目设备及器材明细表

代号	名称	型号与规格	数量

代号	名称	型号与规格	数量

四、电气控制原理图

电动葫芦起重电气原理图如图 3-1 所示。

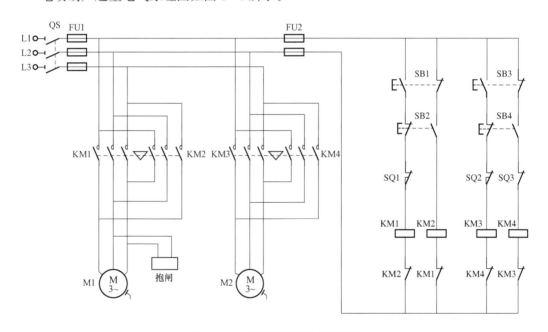

图 3-1 电动葫芦起重电气原理图

五、安装工艺流程

（1）根据电器元件选配生产实践项目所需的安装工具和控制板。

（2）绘制位置图，在控制板上按位置图固装电气元件，并贴上醒目的文字符号。

（3）绘制接线图，在控制板上按线槽方式布线，线头终端套编码套管。

（4）自检布线的正确性、合理性、可靠性及元件安装的牢固性。确保无误后才能进行通电试车。

（5）交验。经指导教师检查合格后才能进行通电试车。通电时，由指导教师接通电源，并进行现场监护。如果出现故障，学生应独立进行检修。若需带电检修时，也必须有指导教师在现场监护。

（6）通电试车完毕，先切断电源再拆除三相电源线，再拆除电动机负载线。

六、安装注意事项

（1）电动机及按钮的金属外壳必须可靠接地。接至电动机的导线必须穿在导线通道内加以保护或采用坚韧的四芯橡皮线或塑料护套线进行临时通电校验。

（2）编码套管套装要正确，特别是按钮内接线时，用力不可过猛，以防螺钉打滑。

（3）热继电器的热元件应串接在主电路中，其常闭触头应串接在控制电路中。热继电器的整定电流应按电动机的额定电流自行调整，绝对不允许弯折双金属片。在一般情况下，热继电器应置于手动复位的位置上。若需要自动复位时，可将复位调节螺钉沿顺时针方向向里旋足。热继电器因电动机过载动作后，若需再次起动电动机，必须待热元件冷却后，才能使热继电器复位。一般自动复位时间不大于 5min，手动复位时间不大于 2min。

（4）起动电动机时，在按下起动按钮的同时，另外手指放在停车按钮上，以保证万一出现事故时可立即按下停止按钮停车，以防止事故扩大。

（5）通电试车时，合上电源开关，按下起动按钮观察控制是否正常，且有无联锁作用，观察电动机运行情况，做到安全文明生产。

七、电路检查

1. 检查线路

（1）按照原理图、接线图线号标识逐线核查。重点检查主电路各接触器之间的关系，按钮连接线及控制电路的自锁线、联锁线有无错接、漏接、脱落、虚接等现象。

（2）检查导线与各端子的接线是否牢固。

（3）用万用表检查线路通断情况，用手操作来模拟触头分合动作。

（4）先检查主电路，后检查控制电路。

2. 试车

检查三相电源将热继电器按电动机的额定电流整定好，在一人操作一人监护下进行试车。

（1）空操作试验。

（2）带负载试车。

3. 注意事项

（1）检修前先要掌握电路中各个控制环节的作用和原理，熟悉各器件的接线方法。在排除故障的过程中，故障分析、排除故障的思路和方法要正确，严禁扩大和产生新的故障。

（2）仪表使用要正确，以防止引出错误判断。特别是对用测电笔检测故障时，必须检查测电笔是否符合使用要求。

（3）不能随意更改线路和带电触摸电器元件。如需带电检修故障时，必须有指导教师在现场监护，并确保人员、设备的安全。

八、调试现象记录及故障排除方案

九、项目考核

配分、评分标准和安全文明生产评价单见表 3-2。

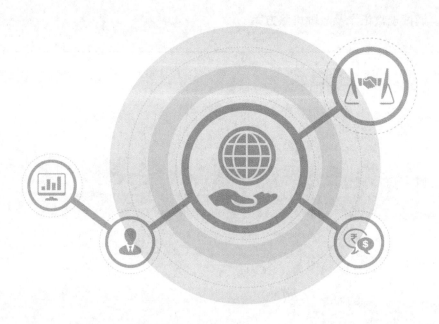

表 3 - 2　　　　　　　　　　配分、评分标准和安全文明生产评价单

主要内容	考核要求	评分标准	配分	扣分	得分
元件检查与安装	（1）按图纸的要求，正确利用工具和仪表、熟练地安装电气元件 （2）元件在配电盘上布置要合理，安装要正确紧固 （3）按钮盒固定在配电盘上	（1）电器元件错检或漏检每处扣3分 （2）元器件布置不整齐、不匀称、不合理，每只扣5分 （3）元件安装不牢固，安装元件时漏装螺钉，每只扣1分 （4）损坏元器件每只扣5分	10		
接线工艺	（1）布线要求走行线槽，接线要求紧固美观 （2）电源和电动机配线、按钮接线要接到端子排上，要注明引出端导线标号 （3）导线不能乱线敷设	（1）所有导线必须走行线槽，不可飞线布线，每根扣3分 （2）冷压端子压接导线时接点松动，接头铜过长，压绝缘层，标记线号不清楚，有遗漏或误标，每处扣2分 （3）损伤导线绝缘或线芯，每根扣2分 （4）漏接接地线扣3分 （5）导线乱线敷设每处扣10分	40		
功能试验	在保证人身和设备安全的前提下，通电试验一次成功	（1）不会使用仪表及测量方法不正确，每处扣3分 （2）根据电气控制原理要求，未达到主、控电路的各项功能实现，每处扣5分 （3）热继电器整定值错误扣2分 （4）一次试车不成功扣5分，二次试车不成功扣10分，此项扣完为止	40		
安全文明生产	（1）安全文明 1）劳动保护用品穿戴整齐 2）电工工具配备齐全 3）遵守操作规程 4）尊重监考教师，讲文明礼貌 5）考试结束要清理考场 （2）当监考教师发现考生有重大事故隐患时，要立即予以制止 （3）考生故意违犯安全文明生产或发生重大事故，取消考试资格 （4）监考教师要在备注栏中注明考生违纪情况	（1）各项考试中，违反考核要求的任何一项扣2分，扣完为止 （2）考生在不同的技能试题考试中，违反安全文明生产考核要求同一项内容的，要累计扣5分 （3）当考评员发现考生有重大事故隐患时，要立即予以制止，并每次从考生安全文明生产总分中扣5分	10		

续表

主要内容	考核要求	评分标准	配分	扣分	得分
备注		成绩			
		考评员签字	年　　月　　日		

实践项目 2 消防水泵互投控制电路

一、项目描述

该水泵采用两台电机，一用一备，当其中一台水泵由于过流、过载、机械故障等原因不能正常进行时，即刻切换到另一台设备上，消防泵电机控制可实现自动及手动控制，通过控制电路可实现相互转换，从而保障消防系统的可靠运行。

二、训练目的

(1) 学会万能转换开关的使用。

(2) 掌握电气控制的设计方法和安装方法。

(3) 熟悉电气控制的调试方法。

(4) 能够正确选取并使用电工常用工具和设备，树立安全生产意识。

(5) 培养执着专注的工匠精神与生产实践能力。

三、任务要求

(1) 分析消防水泵互投控制电路原理，正确选择电气元件型号及导线规格，并按需要填写表 3-3 中的实践项目器件使用清单。

(2) 根据接线图进行安装、布线，并在断电情况下检测。

(3) 在教师的指导下通电试车，达到消防水泵互投控制要求。

表 3-3 实践项目设备及器材明细表

代 号	名 称	型号与规格	数 量

代　号	名　称	型号与规格	数　量

四、电气控制原理图

消防水泵互投电气原理图如图 3-2 所示。

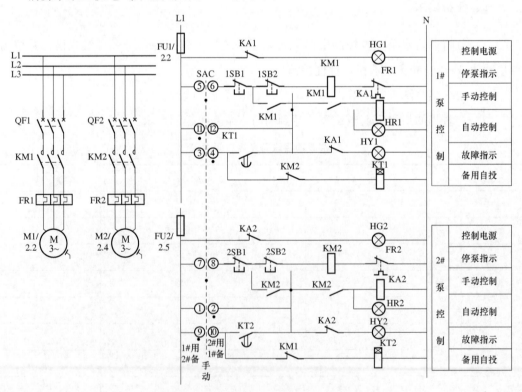

图 3-2　消防水泵互投电气原理图

五、安装工艺流程

（1）根据电器元件选配生产实践项目所需的安装工具和控制板。

（2）绘制位置图，在控制板上按位置图固装电气元件，并贴上醒目的文字符号。

（3）绘制接线图，在控制板上按线槽方式布线，线头终端套编码套管。

（4）自检布线的正确性、合理性、可靠性及元件安装的牢固性。确保无误后才能进行通电试车。

（5）交验。经指导教师检查合格后才能进行通电试车。通电时，由指导教师接通电源，并进行现场监护。如果出现故障，学生应独立进行检修。若需带电检修时，也必须有指导教师在现场监护。

（6）通电试车完毕，先切断电源再拆除三相电源线，再拆除电动机负载线。

六、安装注意事项

（1）电动机及按钮的金属外壳必须可靠接地。接至电动机的导线必须穿在导线通道内加以保护或采用坚韧的四芯橡皮线或塑料护套线进行临时通电校验。

（2）编码套管套装要正确，特别是按钮内接线时，用力不可过猛，以防螺钉打滑。

（3）热继电器的热元件应串接在主电路中，其常闭触头应串接在控制电路中。热继电器的整定电流应按电动机的额定电流自行调整，绝对不允许弯折双金属片。在一般情况下，热继电器应置于手动复位的位置上。若需要自动复位时，可将复位调节螺钉沿顺时针方向向里旋足。热继电器因电动机过载动作后，若需再次起动电动机，必须待热元件冷却后，才能使热继电器复位。一般自动复位时间不大于 5min，手动复位时间不大于 2min。

（4）起动电动机时，在按下起动按钮的同时，另外手指放在停车按钮上，以保证万一出现事故时可立即按下停止按钮停车，以防止事故扩大。

（5）通电试车时，合上电源开关，按下起动按钮观察控制是否正常，且有无联锁作用，观察电动机运行情况，做到安全文明生产。

七、电路检查

1. 检查线路

（1）按照原理图、接线图线号标识逐线核查。重点检查主电路各接触器之间的关系，按钮连接线及控制电路的自锁线、联锁线有无错接、漏接、脱落、虚接等现象。

（2）检查导线与各端子的接线是否牢固。

（3）用万用表检查线路通断情况，用手操作来模拟触头分合动作。

（4）先检查主电路，后检查控制电路。

2. 试车

检查三相电源将热继电器按电动机的额定电流整定好，在一人操作一人监护下进行试车。

（1）空操作试验。

（2）带负载试车。

3. 注意事项

（1）检修前先要掌握电路中各个控制环节的作用和原理，熟悉各器件的接线方法。在排除故障的过程中，故障分析、排除故障的思路和方法要正确，严禁扩大和产生新的故障。

（2）仪表使用要正确，以防止引出错误判断。特别是对用测电笔检测故障时，必须检查测电笔是否符合使用要求。

（3）不能随意更改线路和带电触摸电器元件。如需带电检修故障时，必须有指导教师在现场监护，并确保人员、设备的安全。

八、调试现象记录及故障排除方案

九、项目考核

配分、评分标准和安全文明生产评价单见表 3-4。

表 3 - 4   配分、评分标准和安全文明生产评价单

主要内容	考核要求	评分标准	配分	扣分	得分
元件检查 与安装	（1）按图纸的要求，正确利用工具和仪表、熟练地安装电气元件 （2）元件在配电盘上布置要合理，安装要正确紧固 （3）按钮盒固定在配电盘上	（1）电器元件错检或漏检每处扣 3 分 （2）元器件布置不整齐、不匀称、不合理，每只扣 5 分 （3）元件安装不牢固，安装元件时漏装螺钉，每只扣 1 分 （4）损坏元器件每只扣 5 分	10		
接线工艺	（1）布线要求走行线槽，接线要求紧固美观 （2）电源和电动机配线、按钮接线要接到端子排上，要注明引出端导线标号 （3）导线不能乱线敷设	（1）所有导线必须走行线槽，不可飞线布线，每根扣 3 分 （2）冷压端子压接导线时接点松动，接头铜过长，压绝缘层，标记线号不清楚，有遗漏或误标，每处扣 2 分 （3）损伤导线绝缘或线芯，每根扣 2 分 （4）漏接接地线扣 3 分 （5）导线乱线敷设每处扣 10 分	40		
功能试验	在保证人身和设备安全的前提下，通电试验一次成功	（1）不会使用仪表及测量方法不正确，每处扣 3 分 （2）根据电气控制原理要求，未达到主、控电路的各项功能实现，每处扣 5 分 （3）热继电器整定值错误扣 2 分 （4）一次试车不成功扣 5 分，二次试车不成功扣 10 分，此项扣完为止	40		
安全文明 生产	（1）安全文明 1）劳动保护用品穿戴整齐 2）电工工具配备齐全 3）遵守操作规程 4）尊重监考教师，讲文明礼貌 5）考试结束要清理考场 （2）当监考教师发现考生有重大事故隐患时，要立即予以制止 （3）考生故意违犯安全文明生产或发生重大事故，取消考试资格 （4）监考教师要在备注栏中注明考生违纪情况	（1）各项考试中，违反考核要求的任何一项扣 2 分，扣完为止 （2）考生在不同的技能试题考试中，违反安全文明生产考核要求同一项内容的，要累计扣 5 分 （3）当考评员发现考生有重大事故隐患时，要立即予以制止，并每次从考生安全文明生产总分中扣 5 分	10		

续表

主要内容	考核要求	评分标准	配分	扣分	得分
备注		成绩			
		考评员签字	年　　月　　日		

实践项目 3　自动水位加注控制电路

一、项目描述

　　某大型储水水箱，通过箱内水位变化对水泵进行起停控制，用于保障供水。该系统要求有手动和自动两种控制模式。其中，自动控制模式通过传感器提供信号，当水位降到下限位时，水泵自动工作；当水位到达上限位时，将自动停止注水。

自动水位加注
控制电路

二、训练目的

　　(1) 学会常用低压电器元件的作用。

　　(2) 掌握电气控制的设计方法和安装方法。

　　(3) 熟悉电气控制的调试方法。

　　(4) 能够正确选取并使用电工常用工具和设备，树立安全生产意识。

　　(5) 培养执着专注的工匠精神与生产实践能力。

三、任务要求

　　(1) 分析自动水位加注控制电路原理，正确选择电气元件型号及导线规格，并按需要填写表 3-5 中的实践项目器件使用清单。

　　(2) 根据接线图进行安装、布线，并在断电情况下检测。

　　(3) 在教师的指导下通电试车，达到自动水位加注控制要求。

表 3-5　　　　　　　　　　　**实践项目设备及器材明细表**

代 号	名　称	型号与规格	数　量

代　号	名　　称	型号与规格	数　　量

四、电气控制原理图

自动水位加注控制电气原理图如图 3-3 所示。

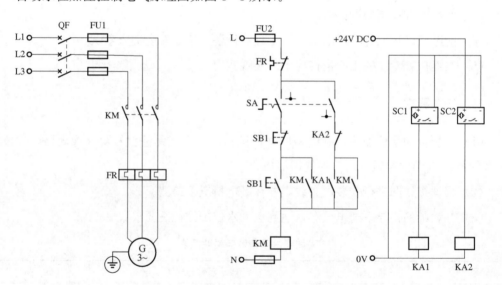

图 3-3　自动水位加注控制电气原理图

五、安装工艺流程

（1）根据电器元件选配生产实践项目所需的安装工具和控制板。

（2）绘制位置图，在控制板上按位置图固装电气元件，并贴上醒目的文字符号。

（3）绘制接线图，在控制板上按线槽方式布线，线头终端套编码套管。

（4）自检布线的正确性、合理性、可靠性及元件安装的牢固性。确保无误后才能进行通电试车。

（5）交验。经指导教师检查合格后才能进行通电试车。通电时，由指导教师接通电源，并进行现场监护。如果出现故障，学生应独立进行检修。若需带电检修时，也必须有指导教师在现场监护。

（6）通电试车完毕，先切断电源再拆除三相电源线，再拆除电动机负载线。

六、安装注意事项

（1）电动机及按钮的金属外壳必须可靠接地。接至电动机的导线必须穿在导线通道内加以保护或采用坚韧的四芯橡皮线或塑料护套线进行临时通电校验。

（2）编码套管套装要正确，特别是按钮内接线时，用力不可过猛，以防螺钉打滑。

（3）热继电器的热元件应串接在主电路中，其常闭触头应串接在控制电路中。热继电器的整定电流应按电动机的额定电流自行调整，绝对不允许弯折双金属片。在一般情况下，热继电器置于手动复位的位置上。若需要自动复位时，可将复位调节螺钉沿顺时针方向向里旋足。热继电器因电动机过载动作后，若需再次起动电动机，必须待热元件冷却后，才能使热继电器复位。一般自动复位时间不大于5min，手动复位时间不大于2min。

（4）起动电动机时，在按下起动按钮的同时，另外手指放在停车按钮上，以保证万一出现事故时可立即按下停止按钮停车，以防止事故扩大。

（5）通电试车时，合上电源开关，按下起动按钮观察控制是否正常，且有无联锁作用，观察电动机运行情况，做到安全文明生产。

七、电路检查

1. 检查线路

（1）按照原理图、接线图线号标识逐线核查。重点检查主电路各接触器之间的关系，按钮连接线及控制电路的自锁线、联锁线有无错接、漏接、脱落、虚接等现象。

（2）检查导线与各端子的接线是否牢固。

（3）用万用表检查线路通断情况，用手操作来模拟触头分合动作。

（4）先检查主电路，后检查控制电路。

2. 试车

检查三相电源将热继电器按电动机的额定电流整定好，在一人操作一人监护下进行试车。

（1）空操作试验。

（2）带负载试车。

3. 注意事项

（1）检修前先要掌握电路中各个控制环节的作用和原理，熟悉各器件的接线方法。在排除故障的过程中，故障分析、排除故障的思路和方法要正确，严禁扩大和产生新的故障。

（2）仪表使用要正确，以防止引出错误判断。特别是对用测电笔检测故障时，必须检查测电笔是否符合使用要求。

（3）不能随意更改线路和带电触摸电器元件。如需带电检修故障时，必须有指导教师在现场监护，并确保人员、设备的安全。

八、调试现象记录及故障排除方案

九、项目考核

配分、评分标准和安全文明生产评价单见表 3-6。

表 3 - 6　　　　　　　　　　配分、评分标准和安全文明生产评价单

主要内容	考核要求	评分标准	配分	扣分	得分
元件检查与安装	（1）按图纸的要求，正确利用工具和仪表、熟练地安装电气元件 （2）元件在配电盘上布置要合理，安装要正确紧固 （3）按钮盒固定在配电盘上	（1）电器元件错检或漏检每处扣3分 （2）元器件布置不整齐、不匀称、不合理，每只扣5分 （3）元件安装不牢固，安装元件时漏装螺钉，每只扣1分 （4）损坏元器件每只扣5分	10		
接线工艺	（1）布线要求走行线槽，接线要求紧固美观 （2）电源和电动机配线、按钮接线要接到端子排上，要注明引出端导线标号 （3）导线不能乱线敷设	（1）所有导线必须走行线槽，不可飞线布线，每根扣3分 （2）冷压端子压接导线时接点松动，接头铜过长，压绝缘层，标记线号不清楚，有遗漏或误标，每处扣2分 （3）损伤导线绝缘或线芯，每根扣2分 （4）漏接地线扣3分 （5）导线乱线敷设每处扣10分	40		
功能试验	在保证人身和设备安全的前提下，通电试验一次成功	（1）不会使用仪表及测量方法不正确，每处扣3分 （2）根据电气控制原理要求，未达到主、控电路的各项功能实现，每处扣5分 （3）热继电器整定值错误扣2分 （4）一次试车不成功扣5分，二次试车不成功扣10分，此项扣完为止	40		
安全文明生产	（1）安全文明 1）劳动保护用品穿戴整齐 2）电工工具配备齐全 3）遵守操作规程 4）尊重监考教师，讲文明礼貌 5）考试结束要清理考场 （2）当监考教师发现考生有重大事故隐患时，要立即予以制止 （3）考生故意违犯安全文明生产或发生重大事故，取消考试资格 （4）监考教师要在备注栏中注明考生违纪情况	（1）各项考试中，违反考核要求的任何一项扣2分，扣完为止 （2）考生在不同的技能试题考试中，违反安全文明生产考核要求同一项内容的，要累计扣5分 （3）当考评员发现考生有重大事故隐患时，要立即予以制止，并每次从考生安全文明生产总分中扣5分	10		

续表

主要内容	考核要求	评分标准	配分	扣分	得分
备注		成绩			
		考评员签字	年　　月　　日		

实践项目 4 传送带自动分拣控制电路

一、项目描述

某传送带生产线检测装置，能对金属物件进行分拣，当位置传感器感应到金属物件时，传送带立刻停止，同时电磁阀控制气缸动作，通过推板将金属物推入滑梯落入分拣箱中。

二、训练目的

(1) 学会常用低压电器元件的作用。

(2) 掌握电气控制的设计方法和安装方法。

(3) 熟悉电气控制的调试方法。

(4) 能够正确选取并使用电工常用工具和设备，树立安全生产意识。

(5) 培养执着专注的工匠精神与生产实践能力。

三、任务要求

(1) 分析传送带自动分拣电路原理，正确选择电气元件型号及导线规格，并按需要填写表 3-7 中的实践项目器件使用清单。

(2) 根据接线图进行安装、布线，并在断电情况下检测。

(3) 在教师的指导下通电试车，达到传送带自动分拣控制要求。

表 3-7 实践项目设备及器材明细表

代号	名　称	型号与规格	数　量

续表

代 号	名 称	型号与规格	数 量

四、电气控制原理图

传送带自动分拣电气原理图如图 3-4 所示。

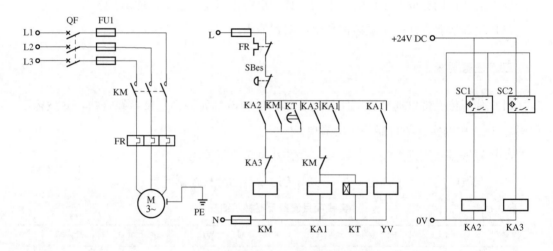

图 3-4　传送带自动分拣电气原理图

五、安装工艺流程

（1）根据电器元件选配生产实践项目所需的安装工具和控制板。

（2）绘制位置图，在控制板上按位置图固装电气元件，并贴上醒目的文字符号。

（3）绘制接线图，在控制板上按线槽方式布线，线头终端套编码套管。

（4）自检布线的正确性、合理性、可靠性及元件安装的牢固性。确保无误后才能进行通电试车。

（5）交验。经指导教师检查合格后才能进行通电试车。通电时，由指导教师接通电源，并进行现场监护。如果出现故障，学生应独立进行检修。若需带电检修时，也必须有指导教师在现场监护。

（6）通电试车完毕，先切断电源再拆除三相电源线，再拆除电动机负载线。

六、安装注意事项

（1）电动机及按钮的金属外壳必须可靠接地。接至电动机的导线必须穿在导线通道内加以保护或采用坚韧的四芯橡皮线或塑料护套线进行临时通电校验。

（2）编码套管套装要正确，特别是按钮内接线时，用力不可过猛，以防螺钉打滑。

（3）热继电器的热元件应串接在主电路中，其常闭触头应串接在控制电路中。热继电器的整定电流应按电动机的额定电流自行调整，绝对不允许弯折双金属片。在一般情况下，热继电器应置于手动复位的位置上。若需要自动复位时，可将复位调节螺钉沿顺时针方向向里旋足。热继电器因电动机过载动作后，若需再次起动电动机，必须待热元件冷却后，才能使热继电器复位。一般自动复位时间不大于 5min，手动复位时间不大于 2min。

（4）起动电动机时，在按下起动按钮的同时，另外手指放在停车按钮上，以保证万一出现事故时可立即按下停止按钮停车，以防止事故扩大。

（5）通电试车时，合上电源开关，按下起动按钮观察控制是否正常，且有无联锁作用，观察电动机运行情况，做到安全文明生产。

七、电路检查

1．检查线路

（1）按照原理图、接线图线号标识逐线核查。重点检查主电路各接触器之间的关系，按钮连接线及控制电路的自锁线、联锁线有无错接、漏接、脱落、虚接等现象。

（2）检查导线与各端子的接线是否牢固。

（3）用万用表检查线路通断情况，用手操作来模拟触头分合动作。

（4）先检查主电路，后检查控制电路。

2．试车

检查三相电源将热继电器按电动机的额定电流整定好，在一人操作一人监护下进行试车。

（1）空操作试验。

（2）带负载试车。

3．注意事项

（1）检修前先要掌握电路中各个控制环节的作用和原理，熟悉各器件的接线方法。

在排除故障的过程中，故障分析、排除故障的思路和方法要正确，严禁扩大和产生新的故障。

（2）仪表使用要正确，以防止引出错误判断。特别是对用测电笔检测故障时，必须检查测电笔是否符合使用要求。

（3）不能随意更改线路和带电触摸电器元件。如需带电检修故障时，必须有指导教师在现场监护，并确保人员、设备的安全。

八、调试现象记录及故障排除方案

九、项目考核

配分、评分标准和安全文明生产评价单见表3-8。

表 3-8   **配分、评分标准和安全文明生产评价单**

主要内容	考核要求	评分标准	配分	扣分	得分
元件检查与安装	（1）按图纸的要求，正确利用工具和仪表、熟练地安装电气元件 （2）元件在配电盘上布置要合理，安装要正确紧固 （3）按钮盒固定在配电盘上	（1）电器元件错检或漏检每处扣3分 （2）元器件布置不整齐、不匀称、不合理，每只扣5分 （3）元件安装不牢固，安装元件时漏装螺钉，每只扣1分 （4）损坏元器件每只扣5分	10		
接线工艺	（1）布线要求走行线槽，接线要求紧固美观 （2）电源和电动机配线、按钮接线要接到端子排上，要注明引出端导线标号 （3）导线不能乱线敷设	（1）所有导线必须走行线槽，不可飞线布线，每根扣3分 （2）冷压端子压接导线时接点松动，接头铜过长，压绝缘层，标记线号不清楚，有遗漏或误标，每处扣2分 （3）损伤导线绝缘或线芯，每根扣2分 （4）漏接接地线扣3分 （5）导线乱线敷设每处扣10分	40		
功能试验	在保证人身和设备安全的前提下，通电试验一次成功	（1）不会使用仪表及测量方法不正确，每处扣3分 （2）根据电气控制原理要求，未达到主、控电路的各项功能实现，每处扣5分 （3）热继电器整定值错误扣2分 （4）一次试车不成功扣5分，二次试车不成功扣10分，此项扣完为止	40		
安全文明生产	（1）安全文明 1）劳动保护用品穿戴整齐 2）电工工具配备齐全 3）遵守操作规程 4）尊重监考教师，讲文明礼貌 5）考试结束要清理考场 （2）当监考教师发现考生有重大事故隐患时，要立即予以制止 （3）考生故意违犯安全文明生产或发生重大事故，取消考试资格 （4）监考教师要在备注栏中注明考生违纪情况	（1）各项考试中，违反考核要求的任何一项扣2分，扣完为止 （2）考生在不同的技能试题考试中，违反安全文明生产考核要求同一项内容的，要累计扣5分 （3）当考评员发现考生有重大事故隐患时，要立即予以制止，并每次从考生安全文明生产总分中扣5分	10		

续表

主要内容	考核要求	评分标准	配分	扣分	得分
备注		成绩			
		考评员签字		年　月　日	

实践项目 5　清洗设备控制电路

一、项目描述

某半自动化清洗设备，由清洗和高温煮沸两个水槽组成。工人将待清洗的物品装入吊篮，再放置到清洗槽中进行冲洗，然后发出信号专用行车便提升并自动前进，到达煮沸槽时停止并自动下降。停留一定时间后，自动提升，然后自动返回原位，等待卸下消毒后的物品。

二、训练目的

（1）学会常用低压电器元件的作用。

（2）掌握电气控制的设计方法和安装方法。

（3）熟悉电气控制的调试方法。

（4）能够正确选取并使用电工常用工具和设备，树立安全生产意识。

（5）培养执着专注的工匠精神与生产实践能力。

三、任务要求

（1）分析清洗设备控制电路原理，正确选择电气元件型号及导线规格，并按需要填写表 3-9 中的实践项目器件使用清单。

（2）根据接线图进行安装、布线，并在断电情况下检测。

（3）在教师的指导下通电试车，达到清洗设备控制要求。

表 3-9　　　　　　　　　　　　实践项目设备及器材明细表

代号	名　称	型号与规格	数　量

代　号	名　　称	型号与规格	数　　量

四、电气控制原理图

清洗设备电气控制主电路原理图如图 3-5 所示，其控制电路原理图如图 3-6 所示。

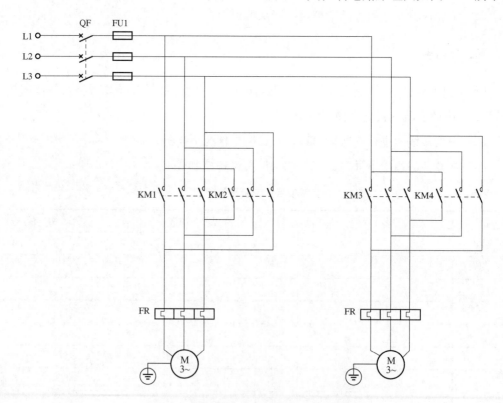

图 3-5　清洗设备电气控制主电路原理图

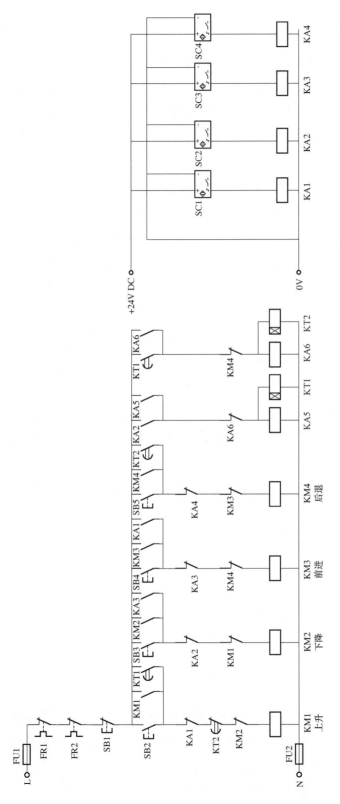

图 3 - 6 清洗设备控制电路原理图

五、安装工艺流程

（1）根据电器元件选配生产实践项目所需的安装工具和控制板。

（2）绘制位置图，在控制板上按位置图固装电气元件，并贴上醒目的文字符号。

（3）绘制接线图，在控制板上按线槽方式布线，线头终端套编码套管。

（4）自检布线的正确性、合理性、可靠性及元件安装的牢固性。确保无误后才能进行通电试车。

（5）交验。经指导教师检查合格后才能进行通电试车。通电时，由指导教师接通电源，并进行现场监护。如果出现故障，学生应独立进行检修。若需带电检修时，也必须有指导教师在现场监护。

（6）通电试车完毕，先切断电源再拆除三相电源线，再拆除电动机负载线。

六、安装注意事项

（1）电动机及按钮的金属外壳必须可靠接地。接至电动机的导线必须穿在导线通道内加以保护或采用坚韧的四芯橡皮线或塑料护套线进行临时通电校验。

（2）编码套管套装要正确，特别是按钮内接线时，用力不可过猛，以防螺钉打滑。

（3）热继电器的热元件应串接在主电路中，其常闭触头应串接在控制电路中。热继电器的整定电流应按电动机的额定电流自行调整，绝对不允许弯折双金属片。在一般情况下，热继电器应置于手动复位的位置上。若需要自动复位时，可将复位调节螺钉沿顺时针方向向里旋足。热继电器因电动机过载动作后，若需再次起动电动机，必须待热元件冷却后，才能使热继电器复位。一般自动复位时间不大于 5min，手动复位时间不大于 2min。

（4）起动电动机时，在按下起动按钮的同时，另外手指放在停车按钮上，以保证万一出现事故时可立即按下停止按钮停车，以防止事故扩大。

（5）通电试车时，合上电源开关，按下起动按钮观察控制是否正常，且有无联锁作用，观察电动机运行情况，做到安全文明生产。

七、电路检查

1. 检查线路

（1）按照原理图、接线图线号标识逐线核查。重点检查主电路各接触器之间的关系，按钮连接线及控制电路的自锁线、联锁线有无错接、漏接、脱落、虚接等现象。

（2）检查导线与各端子的接线是否牢固。

（3）用万用表检查线路通断情况，用手操作来模拟触头分合动作。

（4）先检查主电路，后检查控制电路。

2. 试车

检查三相电源将热继电器按电动机的额定电流整定好，在一人操作一人监护下进行试车。

（1）空操作试验。

（2）带负载试车。

3. 注意事项

（1）检修前先要掌握电路中各个控制环节的作用和原理，熟悉各器件的接线方法。在排除故障的过程中，故障分析、排除故障的思路和方法要正确，严禁扩大和产生新的故障。

（2）仪表使用要正确，以防止引出错误判断。特别是对用测电笔检测故障时，必须检查测电笔是否符合使用要求。

（3）不能随意更改线路和带电触摸电器元件。如需带电检修故障时，必须有指导教师在现场监护，并确保人员、设备的安全。

八、调试现象记录及故障排除方案

九、项目考核

配分、评分标准和安全文明生产评价单见表 3-10。

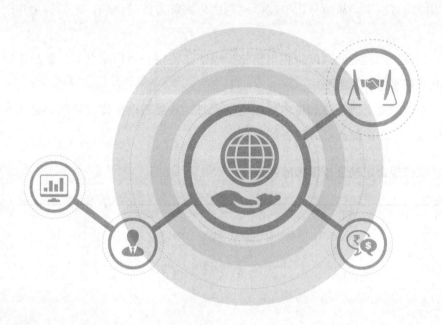

表 3 - 10　　　　　　　　配分、评分标准和安全文明生产评价单

主要内容	考核要求	评分标准	配分	扣分	得分
元件检查与安装	（1）按图纸的要求，正确利用工具和仪表、熟练地安装电气元件 （2）元件在配电盘上布置要合理，安装要正确紧固 （3）按钮盒固定在配电盘上	（1）电器元件错检或漏检每处扣 3 分 （2）元器件布置不整齐、不匀称、不合理，每只扣 5 分 （3）元件安装不牢固，安装元件时漏装螺钉，每只扣 1 分 （4）损坏元器件每只扣 5 分	10		
接线工艺	（1）布线要求走行线槽，接线要求紧固美观 （2）电源和电动机配线、按钮接线要接到端子排上，要注明引出端导线标号 （3）导线不能乱线敷设	（1）所有导线必须走行线槽，不可飞线布线，每根扣 3 分 （2）冷压端子压接导线时接点松动，接头铜过长，压绝缘层，标记线号不清楚，有遗漏或误标，每处扣 2 分 （3）损伤导线绝缘或线芯，每根扣 2 分 （4）漏接接地线扣 3 分 （5）导线乱线敷设每处扣 10 分	40		
功能试验	在保证人身和设备安全的前提下，通电试验一次成功	（1）不会使用仪表及测量方法不正确，每处扣 3 分 （2）根据电气控制原理要求，未达到主、控电路的各项功能实现，每处扣 5 分 （3）热继电器整定值错误扣 2 分 （4）一次试车不成功扣 5 分，二次试车不成功扣 10 分，此项扣完为止	40		
安全文明生产	（1）安全文明 1）劳动保护用品穿戴整齐 2）电工工具配备齐全 3）遵守操作规程 4）尊重监考教师，讲文明礼貌 5）考试结束要清理考场 （2）当监考教师发现考生有重大事故隐患时，要立即予以制止 （3）考生故意违犯安全文明生产或发生重大事故，取消考试资格 （4）监考教师要在备注栏中注明考生违纪情况	（1）各项考试中，违反考核要求的任何一项扣 2 分，扣完为止 （2）考生在不同的技能试题考试中，违反安全文明生产考核要求同一项内容的，要累计扣 5 分 （3）当考评员发现考生有重大事故隐患时，要立即予以制止，并每次从考生安全文明生产总分中扣 5 分	10		

续表

主要内容	考核要求	评分标准	配分	扣分	得分
备注		成绩			
		考评员签字	年　月　日		

实践项目 6　双向通风起动控制电路

一、项目描述

某通风设备，在其工作间内既能将室内污浊气体排出室外，也能向室内输送新鲜空气，由于通风电机功率较大，故采用双向运转 Y-△降压起动工作方式。

二、训练目的

（1）学会常用低压电器元件的作用。

（2）掌握电气控制的设计方法和安装方法。

（3）熟悉电气控制的调试方法。

（4）能够正确选取并使用电工常用工具和设备，树立安全生产意识。

（5）培养执着专注的工匠精神与生产实践能力。

三、任务要求

（1）分析双向通风起动控制电路原理，正确选择电气元件型号及导线规格，并按需要填写表 3-11 中的实践项目器件使用清单。

（2）根据接线图进行安装、布线，并在断电情况下检测。

（3）在教师的指导下通电试车，达到双向通风起动控制要求。

表 3-11　　　　　　　　　　　　实践项目设备及器材明细表

代号	名称	型号与规格	数量

续表

代号	名称	型号与规格	数量

四、电气控制原理图

双向通风起动电气原理图如图 3-7 所示。

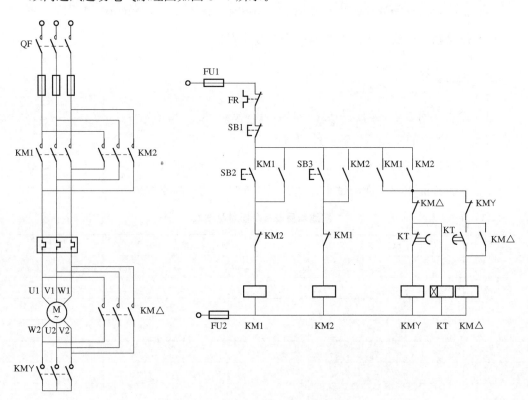

图 3-7　双向通风起动电气原理图

五、安装工艺流程

（1）根据电器元件选配生产实践项目所需的安装工具和控制板。

（2）绘制位置图，在控制板上按位置图固装电气元件，并贴上醒目的文字符号。

（3）绘制接线图，在控制板上按线槽方式布线，线头终端套编码套管。

（4）自检布线的正确性、合理性、可靠性及元件安装的牢固性。确保无误后才能进行通电试车。

（5）交验。经指导教师检查合格后才能进行通电试车。通电时，由指导教师接通电源，并进行现场监护。如果出现故障，学生应独立进行检修。若需带电检修时，也必须有指导教师在现场监护。

（6）通电试车完毕，先切断电源再拆除三相电源线，再拆除电动机负载线。

六、安装注意事项

（1）电动机及按钮的金属外壳必须可靠接地。接至电动机的导线必须穿在导线通道内加以保护或采用坚韧的四芯橡皮线或塑料护套线进行临时通电校验。

（2）编码套管套装要正确，特别是按钮内接线时，用力不可过猛，以防螺钉打滑。

（3）热继电器的热元件应串接在主电路中，其常闭触头应串接在控制电路中。热继电器的整定电流应按电动机的额定电流自行调整，绝对不允许弯折双金属片。在一般情况下，热继电器应置于手动复位的位置上。若需要自动复位时，可将复位调节螺钉沿顺时针方向向里旋足。热继电器因电动机过载动作后，若需再次起动电动机，必须待热元件冷却后，才能使热继电器复位。一般自动复位时间不大于 5min，手动复位时间不大于 2min。

（4）起动电动机时，在按下起动按钮的同时，另外手指放在停车按钮上，以保证万一出现事故时可立即按下停止按钮停车，以防止事故扩大。

（5）通电试车时，合上电源开关，按下起动按钮观察控制是否正常，且有无联锁作用，观察电动机运行情况，做到安全文明生产。

七、电路检查

1. 检查线路

（1）按照原理图、接线图线号标识逐线核查。重点检查主电路各接触器之间的关系，按钮连接线及控制电路的自锁线、联锁线有无错接、漏接、脱落、虚接等现象。

（2）检查导线与各端子的接线是否牢固。

（3）用万用表检查线路通断情况，用手操作来模拟触头分合动作。

（4）先检查主电路，后检查控制电路。

2. 试车

检查三相电源将热继电器按电动机的额定电流整定好，在一人操作一人监护下进行试车。

（1）空操作试验。

（2）带负载试车。

3. 注意事项

（1）检修前先要掌握电路中各个控制环节的作用和原理，熟悉各器件的接线方法。在排除故障的过程中，故障分析、排除故障的思路和方法要正确，严禁扩大和产生新的故障。

（2）仪表使用要正确，以防止引出错误判断。特别是对用测电笔检测故障时，必须检查测电笔是否符合使用要求。

（3）不能随意更改线路和带电触摸电器元件。如需带电检修故障时，必须有指导教师在现场监护，并确保人员、设备的安全。

八、调试现象记录及故障排除方案

九、项目考核

配分、评分标准和安全文明生产评价单见表 3 - 12。

表 3 - 12　　　　　　　　　配分、评分标准和安全文明生产评价单

主要内容	考核要求	评分标准	配分	扣分	得分
元件检查与安装	（1）按图纸的要求，正确利用工具和仪表、熟练地安装电气元件 （2）元件在配电盘上布置要合理，安装要正确紧固 （3）按钮盒固定在配电盘上	（1）电器元件错检或漏检每处扣 3 分 （2）元器件布置不整齐、不匀称、不合理，每只扣 5 分 （3）元件安装不牢固，安装元件时漏装螺钉，每只扣 1 分 （4）损坏元器件每只扣 5 分	10		
接线工艺	（1）布线要求走行线槽，接线要求紧固美观 （2）电源和电动机配线、按钮接线要接到端子排上，要注明引出端导线标号 （3）导线不能乱线敷设	（1）所有导线必须走行线槽，不可飞线布线，每根扣 3 分 （2）冷压端子压接导线时接点松动，接头铜过长，压绝缘层，标记线号不清楚，有遗漏或误标，每处扣 2 分 （3）损伤导线绝缘或线芯，每根扣 2 分 （4）漏接地线扣 3 分 （5）导线乱线敷设每处扣 10 分	40		
功能试验	在保证人身和设备安全的前提下，通电试验一次成功	（1）不会使用仪表及测量方法不正确，每处扣 3 分 （2）根据电气控制原理要求，未达到主、控电路的各项功能实现，每处扣 5 分 （3）热继电器整定值错误扣 2 分 （4）一次试车不成功扣 5 分，二次试车不成功扣 10 分，此项扣完为止	40		
安全文明生产	（1）安全文明 1）劳动保护用品穿戴整齐 2）电工工具配备齐全 3）遵守操作规程 4）尊重监考教师，讲文明礼貌 5）考试结束要清理考场 （2）当监考教师发现考生有重大事故隐患时，要立即予以制止 （3）考生故意违犯安全文明生产或发生重大事故，取消考试资格 （4）监考教师要在备注栏中注明考生违纪情况	（1）各项考试中，违反考核要求的任何一项扣 2 分，扣完为止 （2）考生在不同的技能试题考试中，违反安全文明生产考核要求同一项内容的，要累计扣 5 分 （3）当考评员发现考生有重大事故隐患时，要立即予以制止，并每次从考生安全文明生产总分中扣 5 分	10		

续表

主要内容	考核要求	评分标准	配分	扣分	得分
备注		成绩			
		考评员签字	年　　月　　日		

实践项目7　逻辑控制单元下的固态继电器应用

一、项目描述

由于固态继电器接通和断开负载时，不产生火花，又具有高稳定、高可靠、无触头、寿命长，与 TTL 和 CMOS 集成电路有着良好的兼容等优点，其外形如图 3-8 所示，广泛应用在电动机调速、正反转控制、调光、家用电器、送变电电网的建设与改造、电力拖动、煤矿、钢铁、化工等方面。

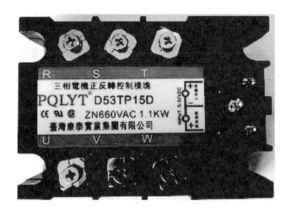

图 3-8　三相固态继电器

二、训练目的

（1）学会固态继电器的使用。

（2）掌握电气控制的设计方法和安装方法。

（3）熟悉电气控制的调试方法。

（4）能够正确选取并使用电工常用工具和设备，树立安全生产意识。

（5）培养执着专注的工匠精神与生产实践能力。

三、任务要求

（1）分析逻辑控制单元下的固态继电器的应用，正确选择电气元件型号及导线规格，并按需要填写表 3-13 中的实践项目器件使用清单。

（2）根据接线图进行安装、布线，并在断电情况下检测。

（3）在教师的指导下通电试车，完成逻辑控制单元下的固态继电器的应用。

表 3-13　　　　　　　　　实践项目设备及器材明细表

代号	名　称	型号与规格	数　量

续表

代　号	名　　称	型号与规格	数　量

四、实践应用展示（请扫码观看）

【拓展阅读　中国首个"电子碳单"——
电力大数据发展引领者】

1度电是什么概念？或许我们没有什么特别的感性认知，1度电差不多5毛钱，都不够买包辣条……简单来说，1度电就是一台功率为1000W的电器工作1h所消耗的电能。那么1度电能为我们做什么呢？可以让一台25W的台灯工作40h，可以让常见的手机充电100多次，可以让一辆电动汽车跑5km左右，可以让一台66W的冰箱运行15h，可以让一台1匹空调运行1.5h，可以让一个4W的路由器运行10天，可以将8kg的水烧开……

中国首个"电子碳单"——电力大数据发展引领者

那么，如果浙江人每人每天节约1度电意味着什么？浙江差不多有5700万常住人口，如果每人每天节约1度电约等于减排二氧化硫1697t，氮氧化物849t，氮氧化物849t，二氧化碳56570t，碳粉尘15273t。

2019年，在联合国全球契约领导人峰会上，徐川子获得了"联合国全球契约中国网络可持续发展先锋人物"称号。她在大会上分享的一张"电子碳单"让联合国全球契约总干事Lise Kingo赞叹不已。这张"碳单"来自习近平总书记在浙江工作时的基层联系点——下姜村。那里，有一座叫作"麦浪"的民宿。通过电力大数据，游客扫"单"入住后，就能知道自己在住店期间的能耗和排名。能耗少的，可以赢积分抵房费。有了"碳单"，就可以开展数据挖掘和商业合作，比如让低碳入住的客人享受电费红包、同城景点优惠、客房升级等服务，甚至帮助大家建立自己的"碳资产"，同时能为浙江 500 多家酒店降低能耗将近 10%！

上述所提到的全国首个"电子碳单"是徐川子团队依托自主开发的"智慧绿色民宿"系统推出的节能减排项目，通过"碳单"排名，引导民宿显著降低碳排放。受到家庭的影响，从小徐川子就对电特别好奇，所以上大学时就毫不犹豫地选择了浙江大学电气工程与自动化专业，毕业后便来到富阳供电局客户服务中心计量班，成为一名一线装表工。这些年，她走遍了杭州的大街小巷，田间地头，有时配电房里温度高达 50℃，让徐川子的工作服常常汗渍斑斑，但她从来不喊一声苦，磨出了一手茧子、练就了一身本领，一次次为百姓解决计量难题。

徐川子的服务不只在看得见的电表前，她还带队研发出电力大数据"关爱独居老人"应用，通过用电变化及时向社区预警老人情况。后来，这个应用在杭州多个街道推广覆盖了 1700 余户老人家庭。受朋友圈晒跑步路线的启发，她的团队还研发了"E 路小黄蜂"，它不仅具有"寻址"功能，还有"故障集中排查"功能，最终获得了国网公司青年创新创意大赛"最具推广价值工器具奖"第一名，并且在浙江很多区域推广使用。

在非常期间，徐川子团队更充分地感受到了电力大数据的创新力。成立的 90 后党员攻关小组，用五天五夜的时间研发了全国首个"电力大数据＋社区网格化"防疫平台，惠及 150 余万居民，保障 4 万多家企业有序复工复产，并且在全国推广应用。2020 年 3 月，习近平总书记视察的杭州城市大脑运营指挥中心，就有徐川子团队参与研发的城市大脑电力数字驾驶舱中的一些项目。

从一名扎实肯干的电力青年成长为电力大数据发展引领者，徐川子先后获评全国劳动模范、全国五一劳动奖章、全国青年岗位能手标兵、党的二十大代表。14 年的工作诠释了她"唯有努力向下扎根，才能不断向上生长"的人生价值。

"志不强智不达"。青年一代有理想、有本领、有担当，国家就有前途，民族就有希望。作为高端技能型人才的我们要牢记"空谈误国，实干兴邦"，志存高远，脚踏实地，埋头苦干，在奋进新时代的征程中成就一番事业。

（资料来源：《名校毕业的她选择当电工，14 年后收获全网点赞！》，人民网教育频道，2022 年 10 月 20 日，有改动）

【思考与讨论】

1. 徐川子是怎样实现自己的绿色梦想的？她为实现理想做了哪些努力？

2. 你当前的理想是什么？你计划如何实现？

模块4

机床电气控制电路调试与维修

维修项目 1　C650‑2 车床控制电路

一、项目描述

C650‑2 型车床是应用及广泛的金属切削通用机床，能够车削外圆，内圆端面螺纹、螺杆等，也可以用于钻头、铰刀等加工。

（1）C650‑2 型车床的主要结构及型号。

C650‑2 型车床的结构示意图及型号意义如图 4‑1 所示。它主要是由床身、主轴、进给箱、溜板箱、刀架、丝杆、光杠、尾座等部分组成。

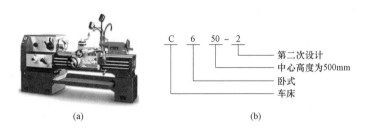

(a)　　　　　　　　　　　　　　(b)

图 4‑1　C650‑2 型车床

（a）结构示意图；（b）型号意义

（2）C650‑2 型车床的运动形式。

机床的运行形式包括切削运动、进给运动、辅助运动。

切削运动包括工件旋转的主运动和刀具的直线进给运动。根据工件的材料性质、车刀材料及几何形头、工件直径、加工方式及冷却条件的不同，要求主轴的切削速度不同。

进给运动是刀架带动刀具的直线运动。溜板箱将丝杆或光杠的转动传递给刀架，变换溜板箱外的手柄位置，经过刀架部分使车床做横向或纵向的进给。

辅助运动是机床上除切削运动之外的其他一切必需的运动。比如工件的夹紧与放松，尾架的纵向移动等。

二、训练目的

（1）熟悉 C650‑2 型车床的主要结构及运动形式。

（2）掌握 C650‑2 型车床的电气控制原理。

（3）完成 C650‑2 型车床电气线路的装调。

（4）使用符合标准的个人防护装备，加强安全意识。

三、任务要求

（1）分析 C650 - 2 型车床电气控制原理，正确选择电气元件型号及导线规格，并按照需求填写目录清单。

（2）根据原理图，完成接线图的设计。

（3）根据接线图进行电气线路的布线、安装，并在断电的情况下检测。

（4）在教师的指导下通电试车。

（5）根据车床的故障现象，分析并排除故障。

四、C650 - 2 车床原理图及接线图

（1）原理图：C650 - 2 车床电气原理图如图 4 - 2 所示。

（2）根据 C650 - 2 型车床电气原理图设计电气接线图。

五、思考与讨论

（1）分析 C650 - 2 型车床的电气控制主回路。

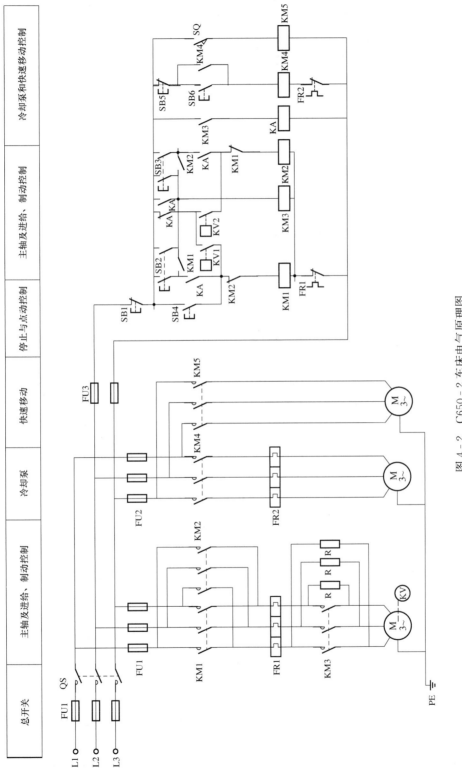

图 4 - 2　C650 - 2 车床电气原理图

（2）分析 C650 - 2 型车床的控制回路控制原理。

六、电路检查

（1）按照电气原理图或电气接线图，从电源端开始逐段核对接线，重点检查主回路有无漏接、错接及控制回路中容易接错的线号。对同一导线两端线号检查是否一致。

（2）检查端子接线是否牢固。检查端子上所有接线压接是否牢固，接触是否良好，不允许有松动、脱落现象，以免通电试车时因导线虚接造成故障。

七、调试现象记录及故障排除方案

（1）当按下主轴启动按钮，出现电动机 M1 不能启动，KM1 不吸合现象，分析故障原因并排除故障。

（2）当按下启动按钮，主轴电动机 M1 能启动，但是不能自锁。分析故障原因并排除故障。

（3）当按下停止按钮，主轴电动机 M1 不能停止，分析故障原因并排除故障。

（4）在掌握车床的检修步骤后，教师在 C650 - 2 车床主回路或控制回路中任意设置 2 个电气故障，由学生自己诊断，并分析排除故障。

八、项目考核

配分、评分标准和安全文明生产评价单见表 4 - 1。

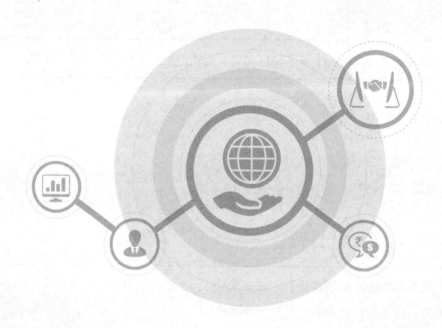

表 4-1   **配分、评分标准和安全文明生产评价单**

主要内容	考核要求	评分标准	配分	扣分	得分
元件检查与安装	（1）根据任务要求，正确利用工具和仪表、熟练地安装电气元件 （2）元件在配电盘上布置要合理，安装要正确紧固 （3）按钮盒固定在配电盘上	（1）电器元件错检或漏检每处扣3分 （2）元器件布置不整齐、不匀称、不合理、每只扣2分 （3）元件安装不牢固，安装元件时漏装螺钉，每只扣1分 （4）损坏元器件每只扣5分	10		
接线工艺	（1）布线要求走行线槽，接线要求紧固美观 （2）电源和电动机配线、按钮接线要接到端子排上，要注明引出端子标号 （3）导线不能乱线敷设	（1）所有导线未走行线槽，飞线布线，每根扣3分 （2）冷压端子压接导线时接点松动，接头铜过长，压绝缘层，标记线号不清楚，有遗漏或误标，每处扣2分 （3）损伤导线绝缘或线芯，每根扣2分 （4）漏接接地线扣3分 （5）导线乱线敷设每处扣10分	30		
功能试验	在保证人身和设备安全的前提下，通电试验一次成功	（1）不会使用仪表及测量方法不正确，每处扣3分 （2）根据电气控制原理要求，未达到主、控电路的各项功能实现。每处扣5分 （3）热继电器整定值错误扣2分 （4）一次试车不成功扣5分，二次试车不成功扣10分，此项扣完为止	30		
机床电气故障排除	教师在机床线路中，主回路设置1个电气故障点，控制回路设置2个电气故障点，学生进行诊断，并分析排除故障	（1）正确使用万用表进行电路的检测查找故障 （2）根据电路检测结果，判断故障的位置和故障类型，在图纸相应位置上文字标注说明 （3）漏标或增加故障点，每处扣5分 （4）故障类型包括开路、短路、元器件损坏、极性、参数设置错误，每处扣2分	20		

续表

主要内容	考核要求	评分标准	配分	扣分	得分
安全文明生产	（1）安全文明 1）劳动保护用品穿戴整齐 2）电工工具配备齐全 3）遵守操作规程 4）尊重监考教师，讲文明礼貌 5）考试结束要清理考场 （2）当监考教师发现考生有重大事故隐患时，要立即予以制止 （3）考生故意违犯安全文明生产或发生重大事故，取消考试资格 （4）监考教师要在备注栏中注明考生违纪情况	（1）各项考试中，违反考核要求的任何一项扣2分，扣完为止 （2）考生在不同的技能试题考试中，违反安全文明生产考核要求同一项内容的，要累计扣5分 （3）当考评员发现考生有重大事故隐患时，要立即予以制止，并每次从考生安全文明生产总分中扣5分	10		
备注		成绩			
		考评员签字	年　　　月　　　日		

维修项目 2　X62W 万能铣床控制电路

一、项目描述

X62W 型铣床是一种多用途的机床，能够加工平面、斜面、沟槽。安装上分度头后，可以铣切直齿轮和螺旋面。加装上圆工作台后，可以铣切凸轮和弧形槽。

（1）X62W 型铣床的主要结构及型号。

C650-2 型铁床的结构示意图及型号意义如图 4-3 所示。它主要是由床身、主轴、刀杆、横梁、工作台、回转盘、横溜板和升降台等部分组成。

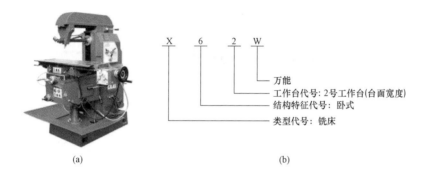

（a）　　　　　　　　　　　（b）

图 4-3　X62W 型铣床

（a）结构示意图；（b）型号意义

（2）X62W 型铣床的运动形式。

铣床的运行形式包括主轴转动、进给运动、辅助运动。

主轴转动是由主轴电动机通过弹性联轴器来驱动传动机构，当传动机构中的一个双联滑动齿轮块啮合时，主轴可以旋转。

进给运动是指进给电机驱动工作台面的移动，通过机械结构使得工作台面进行三种形式六个方向的移动。分别是工作台面直接在溜板上部可转动的部分导轨上做纵向移动；工作台面借助横溜板做横向移动，工作台面借助升降台做垂直移动。

辅助运动是指除了上述铣床的主轴转动和进给运动之外的其他运动。

二、训练目的

（1）熟悉铣床的主要结构及运动形式。

（2）掌握 X62W 型铣床的电气控制原理。

（3）完成 X62W 型铣床电气线路的装调。

（4）使用符合标准的个人防护装备，加强安全意识。

三、任务要求

（1）分析 X62W 型铣床电气控制原理，正确选择电气元件型号及导线规格，并按照需求填写目录清单。

（2）根据原理图，完成接线图的设计。

（3）根据接线图进行电气线路的布线，安装，并在断电的情况下检测。

（4）在教师的指导下通电试车。

（5）根据 X62W 型铣床的故障现象，分析并排除故障。

四、X62W 型铣床原理图及接线图

（1）原理图：X62W 型铣床电气原理图如图 4-4 所示。

（2）根据 X62W 型铣床电气原理图设计电气接线图。

五、思考与讨论

（1）分析 X62W 型铣床的电气控制主回路。

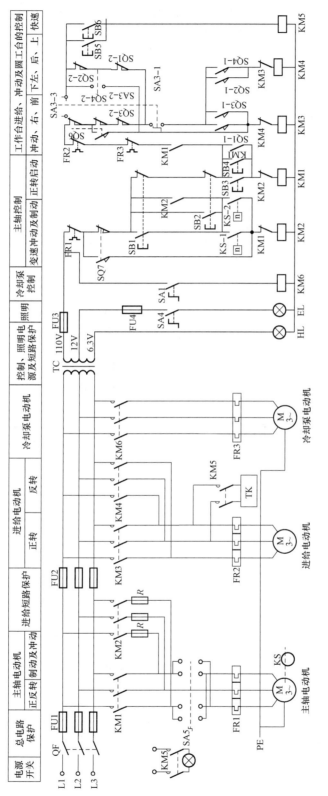

图 4 - 4　X62W 型铣床电气原理图

（2）分析 X62W 型铣床的控制回路控制原理。

六、电路检查

（1）按照电气原理图或电气接线图，从电源端开始逐段核对接线，重点检查主回路有无漏接、错接及控制回路中容易接错的线号。对同一导线两端线号检查是否一致。

（2）检查端子接线是否牢固。检查端子上所有接线压接是否牢固，接触是否良好，不允许有松动、脱落现象，以免通电试车时因导线虚接造成故障。

七、调试现象记录及故障排除方案

（1）当按下主轴电机停车按钮，主轴电机无法制动的现象，分析故障原因并排除故障。

（2）当出现主轴电机工作正常，但是工作台各个方向不能够进给的现象，分析故障原因并排除故障。

（3）当工作台出现不能够做向上进给运动，分析故障原因并排除故障。

（4）在掌握铣床的检修步骤后，教师在 X62W 型铣床主回路设置 1 个电气故障点，控制回路设置 2 个电气故障点，由学生自己诊断，并分析排除故障。

八、项目考核

配分、评分标准和安全文明生产评价单见表 4-2。

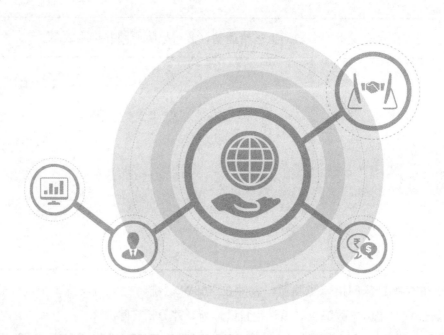

表 4 - 2　　　　　　　　　　　配分、评分标准和安全文明生产评价单

主要内容	考核要求	评分标准	配分	扣分	得分
元件检查与安装	(1) 根据任务要求，正确利用工具和仪表、熟练地安装电气元件 (2) 元件在配电盘上布置要合理，安装要正确紧固 (3) 按钮盒固定在配电盘上	(1) 电器元件错检或漏检每处扣 3 分 (2) 元件布置不整齐、不匀称、不合理，每只扣 2 分 (3) 元件安装不牢固，安装元件时漏装螺钉，每只扣 1 分 (4) 损坏元件每只扣 5 分	10		
接线工艺	(1) 布线要求走行线槽，接线要求紧固美观 (2) 电源和电动机配线、按钮接线要接到端子排上，要注明引出端子标号 (3) 导线不能乱线敷设	(1) 所有导线未走行线槽，飞线布线，每根扣 3 分 (2) 冷压端子压接导线时接点松动，接头铜过长，压绝缘层，标记线号不清楚，有遗漏或误标，每处扣 2 分 (3) 损伤导线绝缘或线芯，每根扣 2 分 (4) 漏接接地线扣 3 分 (5) 导线乱线敷设每处扣 10 分	30		
功能试验	在保证人身和设备安全的前提下，通电试验一次成功	(1) 不会使用仪表及测量方法不正确，每处扣 3 分 (2) 根据电气控制原理要求，未达到主、控电路的各项功能实现，每处扣 5 分 (3) 热继电器整定值错误扣 2 分 (4) 一次试车不成功扣 5 分，二次试车不成功扣 10 分，此项扣完为止	30		
机床电气故障排除	教师在机床线路中，主回路设置 1 个电气故障点，控制回路设置 2 个电气故障点，学生进行诊断，并分析排除故障	(1) 正确使用万用表进行电路的检测查找故障 (2) 根据电路检测结果，判断故障的位置和故障类型，在图纸相应位置上文字标注说明 (3) 漏标或增加故障点，每处扣 5 分 (4) 故障类型包括开路、短路、元器件损坏、极性、参数设置错误，每处扣 2 分	20		

续表

主要内容	考核要求	评分标准	配分	扣分	得分
安全文明生产	(1) 安全文明 1) 劳动保护用品穿戴整齐 2) 电工工具配备齐全 3) 遵守操作规程 4) 尊重监考教师，讲文明礼貌 5) 考试结束要清理考场 (2) 当监考教师发现考生有重大事故隐患时，要立即予以制止 (3) 考生故意违犯安全文明生产或发生重大事故，取消考试资格 (4) 监考教师要在备注栏中注明考生违纪情况	(1) 各项考试中，违反考核要求的任何一项扣 2 分，扣完为止 (2) 考生在不同的技能试题考试中，违反安全文明生产考核要求同一项内容的，要累计扣 5 分 (3) 当考评员发现考生有重大事故隐患时，要立即予以制止，并每次从考生安全文明生产总分中扣 5 分	10		
备注		成绩			
		考评员签字	年　　月　　日		

维修项目 3　M7120 平面磨床控制电路

一、项目描述

M7120 型平面磨床是在磨床中使用最为普通的一种机床，用来加工磨削各种零件的平面。该磨床操作方便，精度高，用于加工精密零件和各种工具。

（1）M7120 平面磨床的主要结构及型号。

M7120 型磨床的结构示意图及型号意义如图 4 - 5 所示。它主要是由床身、工作台、电磁吸盘、砂轮箱、滑座和立柱等部分组成。

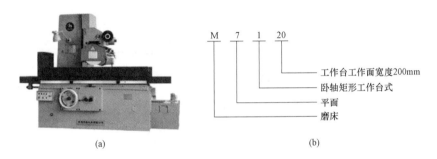

(a)　　　　　　　　　　　　(b)

图 4 - 5　M7120 型平面磨床

(a) 结构示意图；(b) 型号意义

（2）M7120 型磨床的运动形式。

机床的运行形式包括主运动、进给运动、辅助运动。

主运动指砂轮的旋转运动。

进给运动是指滑座在立柱上的上、下运动；砂轮箱在滑座上的水平移动；工作台沿床身的往返运动。工作时，砂轮做旋转运动并沿轴完成横向进给运动。工件固定在工作台上，工作台作直线往返运动，矩形工作台每完成一次纵向行程，砂轮做横向进给，当加工整个平面后，砂轮作垂直方向进给，最后完成一次整个平面的加工任务。

辅助运动是磨床上除主运动和进给运动之外的其他一切必需的运动。

二、训练目的

（1）熟悉 M7120 型磨床的主要结构及运动形式。

（2）掌握 M7120 型磨床的电气控制原理。

（3）完成 M7120 型磨床电气线路的装调。

（4）使用符合标准的个人防护装备，加强安全意识。

三、任务要求

（1）分析 M7120 型磨床电气控制原理，正确选择电气元件型号及导线规格，并按照需求填写目录清单。

（2）根据原理图，完成接线图的设计。

（3）根据接线图进行电气线路的布线，安装，并在断电的情况下检测。

（4）在教师的指导下通电试车。

（5）根据 M7120 型磨床的故障现象，分析并排除故障。

四、M7120 型磨床原理图及接线图

（1）原理图：M7120 型磨床电气原理图如图 4-6 所示。

（2）根据 M7120 型磨床电气原理图设计电气接线图。

五、思考与讨论

（1）分析 M7120 型磨床的电气控制主回路。

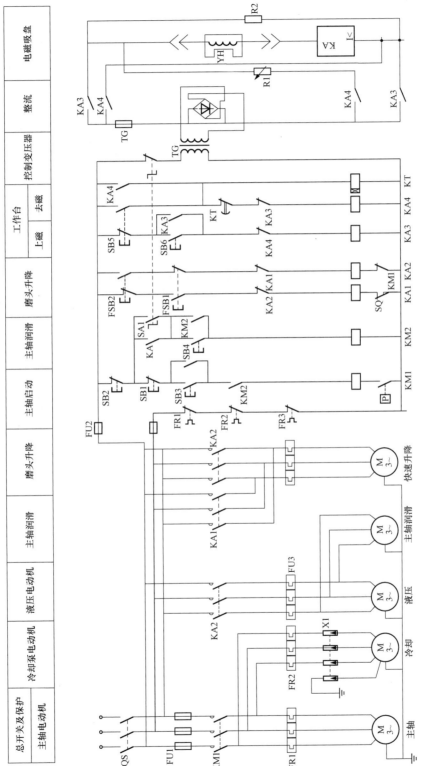

图 4 - 6　M7120 型磨床电气原理图

（2）分析 M7120 型磨床的控制回路控制原理。

六、电路检查

（1）按照电气原理图或电气接线图，从电源端开始逐段核对接线，重点检查主回路有无漏接、错接及控制回路中容易接错的线号。对同一导线两端线号检查是否一致。

（2）检查端子接线是否牢固。检查端子上所有接线压接是否牢固，接触是否良好，不允许有松动、脱落现象，以免通电试车时因导线虚接造成故障。

七、调试现象记录及故障排除方案

（1）当出现砂轮只能上升，不能下降的现象，分析故障原因并排除故障。

（2）当出现电磁吸盘无吸力现象。分析故障原因并排除故障。

（3）当出现电磁吸盘吸力不足的现象。分析故障原因并排除故障。

（4）在掌握 M7120 型磨床的检修步骤后，教师在 M7120 型磨床主回路设置 1 个电气故障点，在控制回路中任意设置 2 个电气故障点。由学生自己诊断，并分析排除故障。

八、项目考核

配分、评分标准和安全文明生产评价单见表 4 - 3。

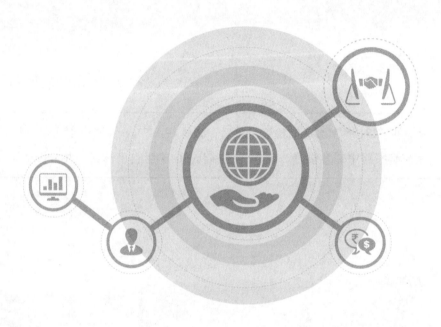

表 4 - 3　　　　　　　　　　配分、评分标准和安全文明生产评价单

主要内容	考核要求	评分标准	配分	扣分	得分
元件检查与安装	（1）根据任务要求，正确利用工具和仪表、熟练地安装电气元件 （2）元件在配电盘上布置要合理，安装要正确紧固 （3）按钮盒固定在配电盘上	（1）电器元件错检或漏检每处扣3分 （2）元件布置不整齐、不匀称、不合理、每只扣2分 （3）元件安装不牢固，安装元件时漏装螺钉，每只扣1分 （4）损坏元器件每只扣5分	10		
接线工艺	（1）布线要求走行线槽，接线要求紧固美观 （2）电源和电动机配线、按钮接线要接到端子排上，要注明引出端子标号 （3）导线不能乱线敷设	（1）所有导线未走行线槽，飞线布线，每根扣3分 （2）冷压端子压接导线时接点松动，接头铜过长，压绝缘层，标记线号不清楚，有遗漏或误标，每处扣2分 （3）损伤导线绝缘或线芯，每根扣2分 （4）漏接接地线扣3分 （5）导线乱线敷设每处扣10分	30		
功能试验	在保证人身和设备安全的前提下，通电试验一次成功	（1）不会使用仪表及测量方法不正确，每处扣3分 （2）根据电气控制原理要求，未达到主、控电路的各项功能实现，每处扣5分 （3）热继电器整定值错误扣2分 （4）一次试车不成功扣5分，二次试车不成功扣10分，此项扣完为止	30		
机床电气故障排除	教师在机床线路中，主回路设置1个电气故障点，控制回路设置2个电气故障点，学生进行诊断，并分析排除故障	（1）正确使用万用表进行电路的检测查找故障 （2）根据电路检测结果，判断故障的位置和故障类型，在图纸相应位置上文字标注说明 （3）漏标或增加故障点，每处扣5分 （4）故障类型包括开路、短路、元器件损坏、极性、参数设置错误，每处扣2分	20		

续表

主要内容	考核要求	评分标准	配分	扣分	得分
安全文明生产	(1) 安全文明 1) 劳动保护用品穿戴整齐 2) 电工工具配备齐全 3) 遵守操作规程 4) 尊重监考教师，讲文明礼貌 5) 考试结束要清理考场 (2) 当监考教师发现考生有重大事故隐患时，要立即予以制止 (3) 考生故意违犯安全文明生产或发生重大事故，取消考试资格 (4) 监考教师要在备注栏中注明考生违纪情况	(1) 各项考试中，违反考核要求的任何一项扣2分，扣完为止 (2) 考生在不同的技能试题考试中，违反安全文明生产考核要求同一项内容的，要累计扣5分 (3) 当考评员发现考生有重大事故隐患时，要立即予以制止，并每次从考生安全文明生产总分中扣5分	10		
备注		成绩			
		考评员签字	年　　　月　　　日		

维修项目 4　Z37 摇臂钻床控制电路

一、项目描述

机械加工的过程中经常需要加工各种各样的孔。钻床就是一种用途广泛的孔加工机床。主要钻削精度要求不高的孔，也可以用来进行扩孔，铰孔等。

（1）Z37 型摇臂钻床的主要结构及型号。

Z37 型摇臂钻床的结构示意图及型号意义如图 4 - 7 所示。它主要是由主轴、摇臂、工作台、底座、内外立柱等部分组成。

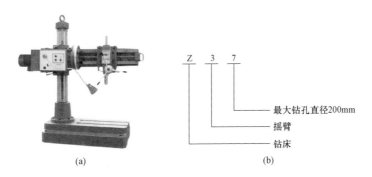

图 4 - 7　Z37 型摇臂钻床

（a）结构示意图；（b）型号意义

（2）Z37 摇臂钻床的运动形式。

Z37 摇臂钻床的运行形式包括主轴运动、进给运动、辅助运动。

主轴运动为主轴的旋转运动。

进给运动概况为主轴的纵向进给。

辅助运动是指摇臂沿着外立柱做垂直运动主轴箱移动方向和摇臂长度方向一致。摇臂和外立柱的运动是指它们一起绕内立柱做回转运动。

二、训练目的

（1）熟悉摇臂钻床的主要结构及运动形式。

（2）掌握 Z37 型摇臂钻床的电气控制原理。

（3）完成 Z37 型摇臂钻床电气线路的装调。

（4）使用符合标准的个人防护装备，加强安全意识。

三、任务要求

（1）分析 Z37 型摇臂钻床电气控制原理，正确选择电气元件型号及导线规格，并按照需求填写目录清单。

（2）根据原理图，完成接线图的设计。

（3）根据接线图进行电气线路的布线，安装，并在断电的情况下检测。

（4）在教师的指导下通电试车。

（5）根据摇臂钻床的故障现象，分析并排除故障。

四、Z37 型摇臂钻床原理图及接线图

（1）原理图：Z37 型摇臂钻床电气原理图如图 4 - 8 所示。

（2）根据 Z37 型摇臂钻床电气原理图设计电气接线图。

五、思考与讨论

（1）分析 Z37 型摇臂钻床的电气控制主回路。

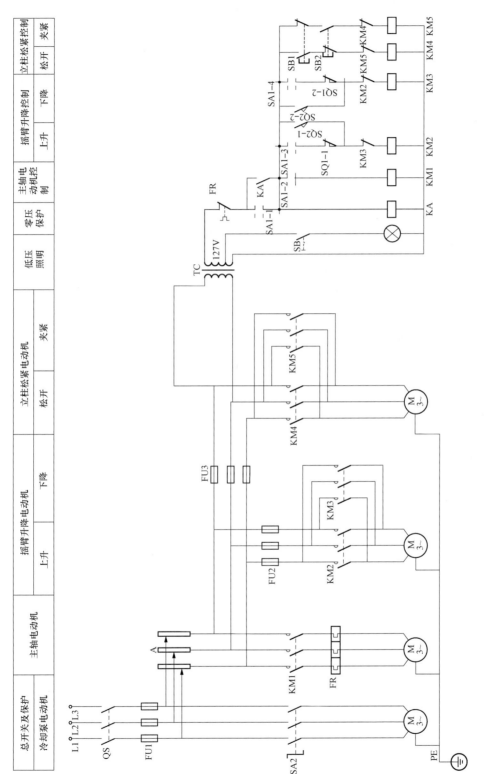

图 4 - 8　Z37 型摇臂钻床电气原理图

（2）分析 Z37 型摇臂钻床的控制回路控制原理。

六、电路检查

（1）按照电气原理图或电气接线图，从电源端开始逐段核对接线，重点检查主回路有无漏接、错接及控制回路中容易接错的线号。对同一导线两端线号检查是否一致。

（2）检查端子接线是否牢固。检查端子上所有接线压接是否牢固，接触是否良好，不允许有松动、脱落现象，以免通电试车时因导线虚接造成故障。

七、调试现象记录及故障排除方案

（1）当按下主轴启动按钮，出现主轴电动机不能启动现象，分析故障原因并排除故障。

（2）立柱松动电动机只能松开，但是不能夹紧，分析故障原因并排除故障。

（3）出现钻床不能上升现象，分析故障原因并排除故障。

（4）在掌握摇臂钻床的检修步骤后，教师在 Z37 型摇臂钻床主回路设置 1 个电气故障点，控制回路中任意设置 2 个电气故障，由学生自己诊断，并分析排除故障。

八、项目考核

配分、评分标准和安全文明生产评价单见表 4 - 4。

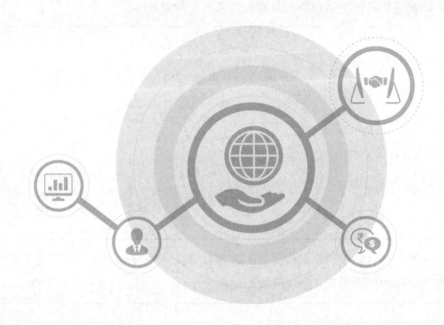

表 4 - 4　　　　　　　　　　配分、评分标准和安全文明生产评价单

主要内容	考核要求	评分标准	配分	扣分	得分
元件检查与安装	（1）根据任务要求，正确利用工具和仪表、熟练地安装电气元件 （2）元件在配电盘上布置要合理，安装要正确紧固 （3）按钮盒固定在配电盘上	（1）电器元件错检或漏检每处扣3分 （2）元器件布置不整齐、不匀称、不合理、每只扣2分 （3）元件安装不牢固，安装元件时漏装螺钉，每只扣1分 （4）损坏元器件每只扣5分	10		
接线工艺	（1）布线要求走行线槽，接线要求紧固美观 （2）电源和电动机配线、按钮接线要接到端子排上，要注明引出端子标号 （3）导线不能乱线敷设	（1）所有导线未走行线槽，飞线布线，每根扣3分 （2）冷压端子压接导线时接点松动，接头铜过长，压绝缘层，标记号不清楚，有遗漏或误标，每处扣2分 （3）损伤导线绝缘或线芯，每根扣2分 （4）漏接接地线扣3分 （5）导线乱线敷设每处扣10分	30		
功能试验	在保证人身和设备安全的前提下，通电试验一次成功	（1）不会使用仪表及测量方法不正确，每处扣3分 （2）根据电气控制原理要求，未达到主、控电路的各项功能实现。每处扣5分 （3）热继电器整定值错误扣2分 （4）一次试车不成功扣5分，二次试车不成功扣10分，此项扣完为止	30		
机床电气故障排除	教师在机床线路中，主回路设置1个电气故障点，控制回路设置2个电气故障点，学生进行诊断，并分析排除故障	（1）正确使用万用表进行电路的检测查找故障 （2）根据电路检测结果，判断故障的位置和故障类型，在图纸相应位置上文字标注说明 （3）漏标或增加故障点，每处扣5分 （4）故障类型包括开路、短路、元器件损坏、极性、参数设置错误，每处扣2分	20		

主要内容	考核要求	评分标准	配分	扣分	得分
安全文明生产	（1）安全文明 1）劳动保护用品穿戴整齐 2）电工工具配备齐全 3）遵守操作规程 4）尊重监考教师，讲文明礼貌 5）考试结束要清理考场 （2）当监考教师发现考生有重大事故隐患时，要立即予以制止 （3）考生故意违反安全文明生产或发生重大事故，取消考试资格 （4）监考教师要在备注栏中注明考生违纪情况	（1）各项考试中，违反考核要求的任何一项扣2分，扣完为止 （2）考生在不同的技能试题考试中，违反安全文明生产考核要求同一项内容的，要累计扣5分 （3）当考评员发现考生有重大事故隐患时，要立即予以制止，并每次从考生安全文明生产总分中扣5分	10		
备注		成绩			
		考评员签字	年　　月　　日		

维修项目 5   T68 卧式镗床控制电路

一、项目描述

T68 型卧式镗床是一种通用的多用途金属加工机床，加工精度高，不但能够钻孔、镗孔、扩孔，还能铣削平面、端面和内外圆。

（1）T68 型卧式镗床的主要结构及型号。

T68 型卧式镗床的结构示意图及型号意义如图 4-9 所示。它主要是由床身、前立柱、镗头架、工作台、后立柱和尾架等部分组成。

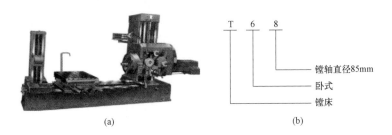

图 4-9   T68 型卧式镗床

（a）结构示意图；（b）型号意义

（2）T68 型卧式镗床的运动形式。

T68 型卧式镗床的运行形式包括主轴转动、进给运动、辅助运动。

主轴运动包括主轴旋转或平旋盘转动。

进给运动是主轴轴向进出移动、主轴箱的垂直上下移动，花盘刀具溜板的径向移动，工作台的纵向和横向移动。

辅助运动是指工作台的旋转运动，后立柱的水平移动和尾架的垂直移动。

二、训练目的

（1）熟悉镗床的主要结构及运动形式。

（2）掌握 T68 型镗床的电气控制原理。

（3）完成 T68 型镗床电气线路的装调。

（4）使用符合标准的个人防护装备，加强安全意识。

三、任务要求

（1）分析 T68 型镗床电气控制原理，正确选择电气元件型号及导线规格，并按照需求填写目录清单。

（2）根据原理图，完成接线图的设计。

（3）根据接线图进行电气线路的布线，安装，并在断电的情况下检测。

（4）在教师的指导下通电试车。

（5）根据 T68 型镗床的故障现象，分析并排除故障。

四、T68 型镗床原理图及接线图

（1）原理图：T68 型卧式镗床电气原理图如图 4-10 所示。

（2）根据 T68 型镗床电气原理图设计电气接线图。

五、思考与讨论

（1）分析 T68 型镗床的电气控制主回路。

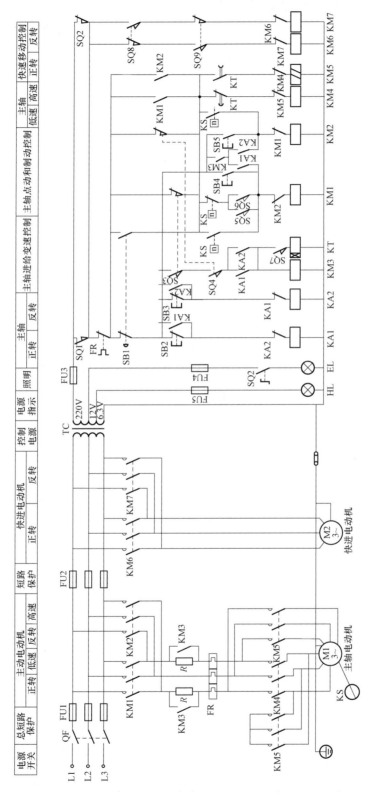

图 4-10　T68 型卧式镗床电气原理图

（2）分析 T68 型镗床的控制回路控制原理。

六、电路检查

（1）按照电气原理图或电气接线图，从电源端开始逐段核对接线，重点检查主回路有无漏接、错接及控制回路中容易接错的线号。对同一导线两端线号检查是否一致。

（2）检查端子接线是否牢固。检查端子上所有接线压接是否牢固，接触是否良好，不允许有松动、脱落现象，以免通电试车时因导线虚接造成故障。

七、调试现象记录及故障排除方案

（1）出现主轴电机能正向启动，但是不能够反向启动的现象，分析故障原因并排除故障。

（2）出现主轴电机能够进行低速运行，但是不能够高速运动的现象，分析故障原因并排除故障。

（3）出现主轴电动机不能制动的现象，分析故障原因并排除故障。

（4）在掌握镗床的检修步骤后，教师在 T68 型镗床主回路任意设置 1 个电气故障点，控制回路中任意设置 2 个电气故障，由学生自己诊断，并分析排除故障。

八、项目考核

配分、评分标准和安全文明生产评价单见表 4 - 5。

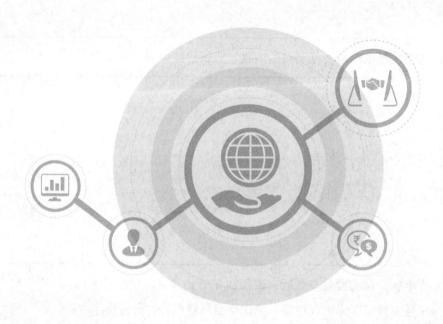

表 4-5　　　　　　　　　　　　配分、评分标准和安全文明生产评价单

主要内容	考核要求	评分标准	配分	扣分	得分
元件检查与安装	（1）按图纸要求，正确利用工具和仪表、熟练地安装电气元件 （2）元件在配电盘上布置要合理，安装要正确紧固 （3）按钮盒固定在配电盘上	（1）电器元件错检或漏检每处扣3分 （2）元器件布置不整齐、不匀称、不合理、每只扣2分 （3）元件安装不牢固，安装元件时漏装螺钉，每只扣1分 （4）损坏元器件每只扣5分	10		
接线工艺	（1）布线要求走行线槽，接线要求紧固美观 （2）电源和电动机配线、按钮接线要接到端子排上，要注明引出端导线标号 （3）导线不能乱线敷设	（1）所有导线未走行线槽，飞线布线，每根扣3分 （2）冷压端子压接导线时接点松动，接头铜过长，压绝缘层，标记线号不清楚，有遗漏或误标，每处扣2分 （3）损伤导线绝缘或线芯，每根扣2分 （4）漏接接地线扣3分 （5）导线乱线敷设每处扣10分	40		
功能试验	在保证人身和设备安全的前提下，通电试验一次成功	（1）不会使用仪表及测量方法不正确，每处扣3分 （2）根据电气控制原理要求，未达到主、控电路的各项功能实现，每处扣5分 （3）热继电器整定值错误扣2分 （4）一次试车不成功扣5分，二次试车不成功扣10分，此项扣完为止	40		
机床电气故障排除	教师在机床线路中，主回路设置1个电气故障点，控制回路设置2个电气故障点，学生进行诊断，并分析排除故障	（1）正确使用万用表进行电路的检测查找故障 （2）根据电路检测结果，判断故障的位置和故障类型，在图纸相应位置上文字标注说明 （3）漏标或增加故障点，每处扣5分 （4）故障类型包括开路、短路、元器件损坏、极性、参数设置错误，每处扣2分	20		

主要内容	考核要求	评分标准	配分	扣分	得分
安全文明生产	（1）安全文明 1）劳动保护用品穿戴整齐 2）电工工具配备齐全 3）遵守操作规程 4）尊重监考教师，讲文明礼貌 5）考试结束要清理考场 （2）当监考教师发现考生有重大事故隐患时，要立即予以制止 （3）考生故意违反安全文明生产或发生重大事故，取消考试资格 （4）监考教师要在备注栏中注明考生违纪情况	（1）各项考试中，违反考核要求的任何一项扣2分，扣完为止 （2）考生在不同的技能试题考试中，违反安全文明生产考核要求同一项内容的，要累计扣5分 （3）当考评员发现考生有重大事故隐患时，要立即予以制止，并每次从考生安全文明生产总分中扣5分	10		
备注		成绩			
		考评员签字	年　　月　　日		

维修项目 6 机床电气设备的维修

一、机床电气故障分类

1. 自然故障

机床在运行过程中，电气设备常承受许多不利的因素。如：机械振动、绝缘老化变质、电弧烧损、长期的动作的自然磨损、周围环境温度、有害介质的侵蚀、自然寿命等因素。以上种种原因影响机车的正常运转。所以需要日常的维护保养和定期检修。

2. 人为故障

主要是受到不应该有的机械外力的破坏、操作不当、安装不合理而造成的故障，都造成机车事故。

这些故障可分为：

（1）故障有明显的外表特征。例如：电动机电器的显著发热、冒烟、焦味、火花等。这类事故是由于电动机电器的绕组过载、绝缘皮击穿、短路所引起。

（2）故障没有外部特征。这一类故障是控制电路的主要故障。主要是由于电器元件的调整不当。机械动作失灵，触头及接线头接触不良或脱落，某个小零件的损坏、导线断裂等原因造成的故障。由于这类故障没有外表特征，要寻找故障发生点，需要花费很多的时间。有时还需要借助各类测量仪器，才能寻找出故障点。

二、如何进行故障分析

1. 修理前进行调查研究

（1）问：修理前进行调查研究，首先，向机床的操作者了解故障发生的前后情况，是否有烟雾、跳火、异常声音和气味出现，有何失常和错误动作，然后利用有关的电气原理来判断故障发生地点和分析故障产生原因。

（2）看：观察一下熔断器内的熔丝是否熔断，电气元件及导线连接处有无烧焦痕迹。

（3）听：电动机、控制变压器、接触器、继电器运行中有无杂音。

（4）摸：在机床电气设备运行一段时间后，切断电源用手摸有关电气设备的外壳或电磁线圈，试其温度是否显著上升。

2. 分析机床电器原理图确定产生故障的可能范围

对于比较简单的电气线路，元件可采用逐个电器、逐根导线的依次检查。对于线路较复杂的电气设备不能采用以上方法来检查电气故障。电气维修人员必须熟悉和理解机床的电气线路图，这样才能正确判断和迅速排除故障。首先从主电路入手，了解机床各运动部件和机构采用了几台电动机拖动，从接触器的连接方式来逐步深入了解各电路组成与互相联系等。结合故障现象和线路工作原理进行分析，来判断出故障发生的可能范围。

3. 进行外观检查

在判断故障可能发生范围后，对有关电器元件进行外观检查。例如：熔断器熔丝是否熔断、接线头是否松动或脱落、接触器触头脱落或接触不良、弹簧脱离或断裂等，都能明显表明故障点的所在。

【拓展阅读　最年轻的"大国工匠"——陈行行】

在人们的印象中，能称得上"大国工匠"者，至少人到中年，花白的头发，朴素的衣着，啤酒瓶底厚的眼镜，脸上一道道沧桑的皱纹。但在 2018 年"大国工匠年度人物"颁奖典礼上，却有一名阳光而随和，说话时，圆圆的脸上不时露出笑容的年轻人，他就是中国工程物理研究院的数控工程师陈行行。

大国工匠
陈行行
行行行

陈行行 2004 年就读于山东技师学院，进入学校那一刻，他就始终把成为一名优秀的技术工人当作奋斗目标和人生理想。在校期间，为了专心学习、听课清楚，上课时他就坐在第一排中间的位置听课。热爱技术的他先后学习了电工、焊工、钳工、制图、数控车等八个工种，并考取了与这 8 个工种相应的 12 本职业资格证书。其实，对陈行行而言，考取职业资格证书的初衷很简单也很单纯：艺多不压身！通过各种培训，就有机会多掌握一门技术，总会有用到的那一天。磅礴扎实的知识功底，多领域的操作实践，让陈行行在遇到困难时，习惯从多个维度考虑解决方案："有的人一条道走不通就算了，但我会想这样走行不行，那样走行不行。"正因为这样的灵活思维，有很多操作上的难题在陈行行这里，基本可以一次解决。

从 2008 年至今，他先后参加了十余次各级别、各层次的职业技能大赛，多次获奖。比赛不仅让他成长，也让他有幸进入中国工程物理研究院机械制造工艺研究所。在中物院机械制造工艺研究所，每个技能人员都要经过一年、三年、五年的周期考核：两张黄牌换一张红牌，不行就走人，也就是说，只要两次考核不合格，就不能留下。

在这样充满竞争的环境下，陈行行付出了比常人更多的努力。当他看到别人在学习的时候，他会更加努力学习。别人学一个小时，他就要学两个小时。除了工作和睡觉，其余时间都在学习。这些努力正印证了现今社会流传的"一万小时定律"，即一个人要是在一件事情上投入一万个小时，那么就可以有所成就了。在不懈的努力下，陈行行很快就成长为单位骨干，而与他同时进入研究所的人员中，有人因为考核不合格而被迫离开。

国防军工，往往代表着一个国家制造业的最高水平。陈行行的贡献是用比头发丝还细 0.02mm 的数控刀头，在直径不到 2cm 的圆盘上打出 36 个小孔，而这个小圆盘是用在核导弹这种尖端武器上。难度可想而知。从前，50％的合格率是中国始终难以逾越的坎。为此陈行行无数次修改编程，调整道具，订正参数，变换走刀轨迹和装订方式。经过他的努力，最终这个零件产品的合格率达到了 100％。没有人能做到的事情，他却做到了。

2018 年，29 岁的陈行行当选为最年轻的"大国工匠年度人物"。在颁奖礼上接受记者采访时，他说："这个荣誉不应该是我个人的，应该归属于我们单位。在我们单位有很多优秀的人才，他们行的我不一定行。我们经常在一起分享各自的技术心得，大家交流共同提高。至于匠心，我想匠心就是能够长期沉下心、静下心、不断学习，专心把一件事情做好。"

（资料来源：陈行行：凭实力证明"我行"，央广网，2018 年 3 月 30 日，有改动）

【思考与讨论】

1. 不依靠家庭、不依靠他人，靠自己的艰辛努力取得成功，是陈行行人生的真实写照。这体现了他怎样的人生价值观？

2. 对于当代大学生，你认为实现人生价值应该具备哪些条件？

模块5

电路设计与安装

设计项目 1 两地控制电路设计与安装

一、设计任务

三相异步电动机是一种常见的电动机类型，广泛应用于工业生产中。在某些情况下，需要对三相异步电动机实现两地控制，通过远程的控制信号来实现电机的起停操作，本项目要求实现两地控制电路的设计、安装与调试。

两地控制电路
设计与安装

二、电气控制原理图及接线图设计

要求电路包含主电路及控制电路设计，电动机及电气线路需具有必要的保护措施并文字描述工作原理。

三、器件选型及导线规格的选择

设计项目设备及器材明细表见表 5-1。

表 5-1   设计项目设备及器材明细表

代号	名称	型号与规格	数量

四、写出项目设计报告

设计项目 2 三级皮带轮的顺启逆停设计与安装

一、设计任务

有三级皮带运输生产线，分别由三台三相异步电动机拖动，控制要求能实现顺序启动、逆序停止功能。

二、电气控制原理图及接线图设计

要求电路包含主电路及控制电路设计，电动机及电气线路需具有必要的保护措施并文字描述工作原理。

三、器件选型及导线规格的选择

设计项目设备及器材明细表见表 5 - 2。

表 5 - 2　　　　　　　　　　设计项目设备及器材明细表

代号	名称	型号与规格	数量

设计项目 3　通风设备的间歇循环电路设计与安装

通风设备的
间歇循环电路
设计与安装

一、设计任务

某通风设备，需要电动机能够按设定的时间运转和间隔时间停止，周而复始地运转，达到节省人力目的。

二、电气控制原理图及接线图设计

要求电路包含主电路及控制电路设计，电动机及电气线路需具有必要的保护措施并文字描述工作原理。

三、器件选型及导线规格的选择

设计项目设备及器材明细表见表 5 - 3。

表 **5 - 3** 　　　　　　　　　　　　设计项目设备及器材明细表

代号	名称	型号与规格	数量

设计项目 4　某蔬菜大棚保温卷帘门继电控制系统设计与安装

卷帘门手自一
体控制电路
设计与安装

一、设计任务

某蔬菜大棚配置一套保温卷帘自动开闭系统及通风系统，保温卷帘门由三相鼠笼交流异步电动机拖动，根据地区经纬度及太阳起落时间自动开闭，也可由农场主就地手动操作保温卷帘开启度。控制系统要求采用常规的继电控制，完成保温卷帘的继电控制线路的设计与安装、调试。

具体要求如下：

（1）旋钮 SA1 打至手动位置：

1）按下上升按钮，保温卷帘（电机 M1）向上卷起，蔬菜大棚接受光照、通风，碰到上限位开关停止；按下下降按钮，保温卷帘向下运动展开，进行保温，碰到下限位开关停止，任何时刻按下停止按钮均可停止卷帘电机 M1。

2）卷帘关闭时，可随时手动启停通风机 M2。

（2）旋钮 SA1 打至自动位置：

1）每当太阳升起（行程开关代替）后，卷帘（M1）开始上升，到达上限位时停止。

2）下午太阳落山（另一个行程开关代替）卷帘（M1）下降至底部停止。

3）卷帘到达下限位 6s 后启动通风机，第二天太阳升起时风机停止。

具有供电电源指示（红色），卷帘上升时用绿色灯指示，卷帘下降用黄色灯指示。

二、电气控制原理图及接线图设计

要求电路包含主电路及控制电路设计，电动机及电气线路需具有必要的保护措施并文字描述工作原理。

三、器件选型及导线规格的选择

设计项目设备及器材明细表见表 5-4。

表 5-4 　　　　　　　　　设计项目设备及器材明细表

代号	名称	型号与规格	数量

拓展项目　世界技能大赛"电气装置项目"
继电控制线路故障排查

说明：设计项目来源于世界技能大赛"电气装置项目"，通过工作原理分析，提高读图与识图的能力，详见图 5-1～图 5-3，供读者学习了解。

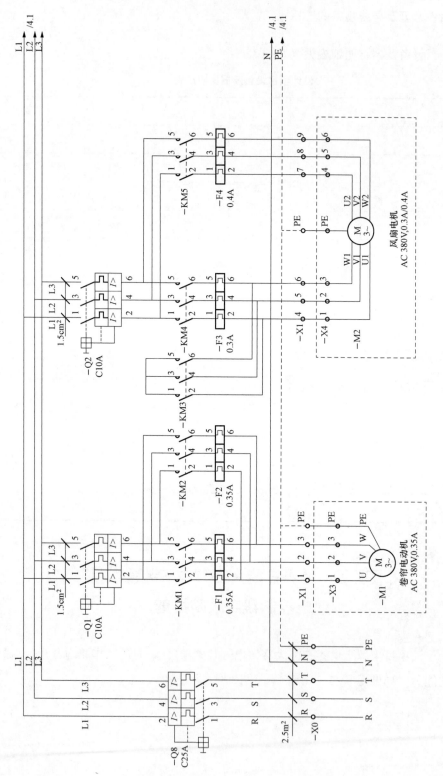

图 5 - 1　卷帘门与风扇主电路

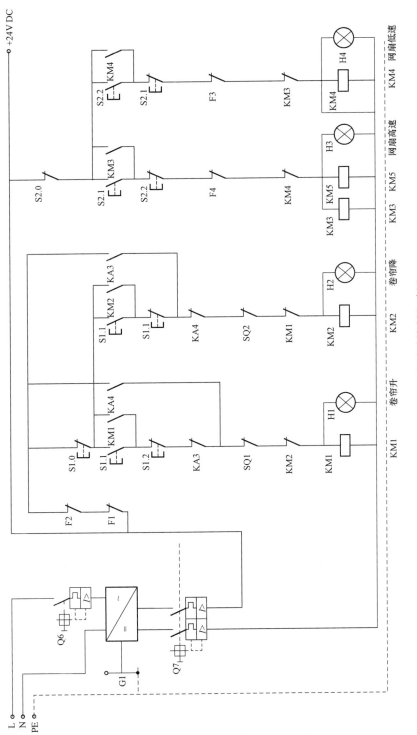

图 5 - 2　卷帘与风扇手动控制电路图（1）

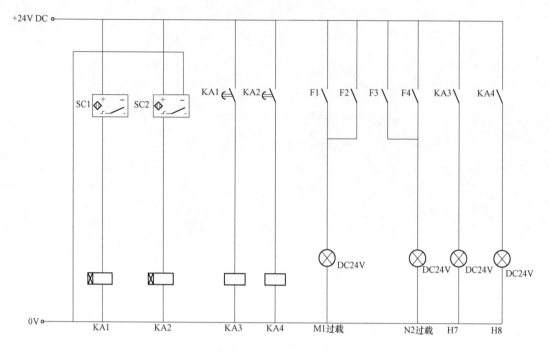

图 5 - 3　卷帘与风扇自动控制电路图（2）

【拓展阅读　智慧农业——为传统农业插上数据的翅膀】

智慧农业——为传统农业插上数据的翅膀

习近平总书记在党的二十大报告中提出，要"加快建设农业强国，扎实推动乡村产业、人才、文化、生态、组织振兴"。以产业振兴为支撑能够夯实乡村振兴的基础，助力实现农业农村现代化。推动乡村产业振兴，需要打好乡村产业结构调整"组合拳"，横向上拓展产业链，纵向上延伸价值链，空间上打通融合链，发挥"三链同构"的整合效应，实现乡村产业高质量跨越式发展。

粮食是特殊产品，从生产看，自然风险大，比较收益低；从需求看，收入弹性，但又不可或缺、不可替代。作为一个产粮大省，河南的基本省情粮情是人多地少，农户小规模分散经营，粮食的弱质性表现得更加突出。因此，长期以来，政策一直在"保安全"和"促发展"之间纠结，在围绕破解小农户与大市场的矛盾进行改革和探索。无论是 20 世纪 90 年代以来倡导的"公司＋农户"、农业产业化经营，还是后来提出的发展粮油产品深加工，并再次提出发展粮食产业经济，目的都是想通过纵向延伸产业链，横向延伸服务链，或者跨界延伸粮食和农业的功能链，扩大粮食这个特殊产品的增值空间和增值环节，克服"小生产"的短板，把粮食的弱质性稀释掉，同时更好满足人们不断增长的对粮食及其制品的多样化需求，更好保障粮食安全，这是推进农业现代化的基本任务。

面对农业种植领域中遇到的农业投资大、金融机构不对农业作支持、害怕风险、回报周期长、利润低、技术要求高、市场渠道对接受阻的种种困难，河南鹿邑县出生的朱海洋，带领自己的团队开辟了一系列新模式和新业态，完善了当地大农业科技互联网水平，提高了生产效率并确保了订单的价值链，又运用区块链技术做溯源，为推进乡村全面振兴作出了贡献。

2008 年朱海洋就读于包头职业技术学院电气工程系。在校期间，他加入了班主任吕达老师创立的电子创新工作室，并积极参加各种创新创业活动，在首届全国"互联网＋"大赛中取得铜奖，并获得时任国务院副总理刘延东接见指导。毕业后，朱海洋在外企工作了一段时间，从一名毕业实习生一路做到了大区总监的职位。但他一直心系家乡，从与朋友的接触中发现家乡传统农业的痛点和智慧农业的发展前景，于是毅然决然地放弃百万年薪，回到家乡进行创业，成立了河南嘉禾智慧农业科技有限公司。

公司成立后就开始利用科技赋能粮食产业化大数据平台。朱海洋团队用全局性眼光看待大农业，带领嘉禾的团队在老家承包了 3500 亩土地，进行智慧型种植试验。在技术的加持下，从种到收几乎都是科学合理的，从及时获取天气数据，为作物注射葡萄糖，闭合其呼吸通道来抵御倒春寒中与冷空气的接触，到根据检测数据对作物进行相关的灌溉、除虫、施肥等一系列步骤，都最大限度做到了智能实时调控，进行形成了管理服务平台、算法模型平台、大数据分析平台，实现了高产、优质、高效、生态、安全的生产目标。等到丰收时，新型种植方式相比传统种法每亩地多收近 100 斤小麦，3500 亩就多出了近 35 万斤，成效非常明显，而且新型种植方式下的小麦品质也更好，售价更高。

同时，朱海洋团队还建立了智慧农业产业链大数据的平台，上下游的各个端口的数据全部在平台上，实现"订单＋农业"种植养殖。通过利用专业化的社会化服务组织，订单发挥金融属性，让各个金融机构可以看懂大农业产业链的数据流、产业风险的规避，还有保险期货价格指数的运用，全部在线上。"线上＋线下"全产业链的系统性思维，打通了上下游的数据流，让企业＋新型村集体经济＋农业供应链金融＋用粮方＋供应链方形成了统一的大闭环，实现信息流完全互通且清晰显示，引入的产业链金融让科技赋能于小农户，让他们投入更少、收获更多。

自 2015 年以来，朱海洋创立的公司获得国家现代农业信息应用技术支持单位、河南省最具成长潜力的创业独角兽企业、"河南省科技创业雏鹰大赛"优秀企业奖、2020 年度明星企业等荣誉称号，除了受到过国家、省级领导人的亲切指导和关怀外，也热心将百余吨"爱心蔬菜"捐赠给需要帮助的一线人员，并被《学习强国》报道。面对自己取得的成绩，他曾说："希望通过我们的努力，为传统农业插上信息化的翅膀，使现代信息技术真正赋能于农业生产，为推动国家乡村振兴战略贡献力量。"正是创业者们这样的坚持，智慧农业赋能乡村振兴新的意义，使得"农业强、农村美、农民富"全面实现，更好地服务中国农业现代化。

（资料来源：鲁柏祥：《乡村振兴路上的新农人实践》，浙江大学出版社，第 161～167 页，有改动；《大豫创业者》2020 年 1 月，采编：曹星洁）

【思考与讨论】

1. 国家发展战略对于大学生人生目标的树立、职业的选择有何影响？

2. 结合案例，谈谈当代大学生应如何全面提高自身素质，担当复兴大任。

附　录

附录 A　国家职业技能标准——电工

1. 职业概况

1.1　职业名称

电工

1.2　职业编码

6 - 31 - 01 - 03

1.3　职业定义

使用工具、量具和仪器、仪表，安装、调试与维护、修理机械设备电气部分和电气系统线路及器件的人员。

1.4　职业技能等级

本职业共设五个等级，分别为：五级/初级工、四级/中级工、三级/高级工、二级/技师、一级/高级技师。

1.5　职业环境条件

室内外，常温。

1.6　职业能力特征

具有一定的学习理解能力、观察判断推理能力和计算能力，手指和手臂灵活，动作协调，无色盲。

1.7　普通受教育程度

初中毕业（或相当文化程度）。

1.8　职业技能鉴定要求

1.8.1　申报条件

——具备以下条件之一者，可申报五级/初级工：

（1）累计从事本职业工作 1 年（含）以上。

（2）本职业学徒期满。

——具备以下条件之一者，可申报四级/中级工：

（1）取得本职业五级/初级工职业资格证书（技能等级证书）后，累计从事本职业工作 4 年（含）以上。

（2）累计从事本职业工作 6 年（含）以上。

（3）取得技工学校本专业或相关专业❶毕业证书（含尚未取得毕业证书的在校应届毕业生）；或取得经评估论证、以中级技能为培养目标的中等及以上职业学校本专业或相关专业毕业证书（含尚未取得毕业证书的在校应届毕业生）。

——具备以下条件之一者，可申报三级/高级工：

（1）取得本职业四级/中级工职业资格证书（技能等级证书）后，累计从事本职业工作 5 年（含）以上。

（2）取得本职业四级/中级工职业资格证书（技能等级证书），并具有高级技工学校、技师学院毕业证书（含尚未取得毕业证书的在校应届毕业生）；或取得本职业四级/中级工职业资格证书，并具有经评估论证、以高级技能为培养目标的高等职业学校本专业或相关专业毕业证书（含尚未取得毕业证书的在校应届毕业生）。

（3）具有大专及以上本专业或相关专业毕业证书，并取得本职业四级/中级工职业资格证书（技能等级证书）后，累计从事本职业工作 2 年（含）以上。

——具备以下条件之一者，可申报二级/技师：

（1）取得本职业三级/高级工职业资格证书（技能等级证书）后，累计从事本职业工作 4 年（含）以上。

（2）取得本职业三级/高级工职业资格证书（技能等级证书）的高级技工学校、技师学院毕业生，累计从事本职业工作 3 年（含）以上；或取得本职业预备技师证书的技师学院毕业生，累计从事本职业工作 2 年（含）以上。

——具备以下条件者，可申报一级/高级技师：

取得本职业二级/技师职业资格证书（技能等级证书）后，累计从事本职业工作 4 年（含）以上。

1.8.2　鉴定方式

分为理论知识考试、技能考核以及综合评审。理论知识考试以笔试、机考等方式为主，主要考核从业人员从事本职业应掌握的基本要求和相关知识要求；技能考核主要采用现场操作、模拟操作等方式进行，主要考核从业人员从事本职业应具备的技能水平；综合评审主要针对技师和高级技师，通常采取审阅申报材料、答辩等方式进行全面评议和审查。

理论知识考试、技能考核和综合评审均实行百分制，成绩皆达 60 分（含）以上者为

---

❶　相关专业：数控机床装配与维修、机械设备装配与自动控制、制冷设备运用与维修、机电设备安装与维修、机电一体化、电气自动化设备安装与维修、电梯工程技术、城市轨道交通车辆运用与检修、煤矿电气设备维修、工业机器人应用与维护、工业网络技术、机电技术应用、电气运行与控制、电气技术应用、纺织机电技术、铁道供电技术、农业电气化技术等专业。

合格。职业标准中标注"★"的为涉及安全生产或操作的关键技能，如考生在技能考核中违反操作规程或未达到该技能要求的，则技能考核成绩为不合格。

1.8.3　监考人员、考评人员与考生配比

理论知识考试中的监考人员与考生配比不低于1∶15，且每个考场不少于2名监考人员；技能考核中的考评人员与考生配比不低于1∶5，且考评人员为3人以上单数；综合评审委员为5人以上单数。

1.8.4　鉴定时间

理论知识考试时间不少于90min。技能考核时间：五级/初级工不少于150min，四级/中级工不少于150min，三级/高级工不少于180min，二级/技师不少于240min，一级高级技师不少于240min。综合评审时间不少于20min。

1.8.5　鉴定场所设备

理论知识考试在标准教室进行；技能考核在具有相应电工鉴定设施和必要仪器、仪表、工具的场所进行。

2. 基本要求

2.1　职业道德

2.1.1　职业道德基本知识

2.1.2　职业守则

（1）遵纪守法，爱岗敬业。

（2）精益求精，勇于创新。

（3）爱护设备，安全操作。

（4）遵守规程，执行工艺。

（5）保护环境，文明生产。

2.2　基础知识

2.2.1　电工基础知识

（1）直流电路基本知识。

（2）电磁基本知识。

（3）交流电路基本知识。

（4）电工读图基本知识。

（5）电力变压器的识别与分类。

（6）常用电机的识别与分类。

（7）常用低压电器的识别与分类。

2.2.2　电子技术基础知识

(1) 常用电子元器件的图形符号和文字符号。

(2) 二极管的基本知识。

(3) 三极管的基本知识。

(4) 整流、滤波、稳压电路基本应用。

2.2.3　常用电工工具、具使用知识

(1) 常用电工工具及其使用。

(2) 常用电工量具及其使用。

2.2.4　常用电工仪器、仪表使用知识

(1) 电工测量基础知识。

(2) 常用电工仪表及其使用。

(3) 常用电工仪器及其使用。

2.2.5　常用电工材料选型知识

(1) 常用导电材料的分类及其应用。

(2) 常用绝缘材料的分类及其应用。

(3) 常用磁性材料的分类及其应用。

2.2.6　安全知识

(1) 电工安全基本知识。

(2) 电工安全用具。

(3) 触电急救知识。

(4) 电气消防、接地、防雷等基本知识。

(5) 安全距离、安全色和安全标志等国家标准规定。

(6) 电气安全装置及电气安全操作规程。

2.2.7　其他相关知识

(1) 供电和用电基本知识。

(2) 钳工划线、钻孔等基础知识。

(3) 质量管理知识。

(4) 环境保护知识。

(5) 现场文明生产知识。

2.2.8　相关法律、法规知识

(1)《中华人民共和国劳动合同法》的相关知识。

(2)《中华人民共和国电力法》的相关知识。

（3）《中华人民共和国安全生产法》的相关知识。

3. 工作要求

本标准对五级/初级工、四级/中级工、三级/高级工、二级/技师、一级/高级技师的技能要求和相关知识要求依次递进，高级别涵盖低级别的要求，见附表 A-1～附表 A-5。

3.1　五级/初级工

五级/初级工工作要求见附表 A-1。

附表 A-1　　　　　　　　　　　　五级/初级工工作要求

职业功能	工作内容	技能要求	相关知识要求
1. 电器安装和线路敷设	1.1　低压电器选用	1.1.1　能识别常用低压电器的图形符号、文字符号 1.1.2　能识别和选用刀开关、熔断器、断路器、接触器、热继电器、主令电器、漏电保护器、指示灯等低压电器的规格、型号 1.1.3　能识别防爆电气设备的防爆型式、防爆标识	1.1.1　常用低压电器图形符号、文字符号的国家标准 1.1.2　常用低压电器的结构、工作原理及使用方法 1.1.3　防爆电气设备标识、等级
	1.2　电工材料选用	1.2.1　能根据安全载流量和导线规格、型号选用电线、电缆 1.2.2　能根据使用场合选用电线管、桥架、线槽等 1.2.3　能识别低压电缆接头、接线端子	1.2.1　电工常用线材、管材选用方法 1.2.2　电线、电缆分类、性能、使用方法 1.2.3　电工辅料类型、选用方法
	1.3　照明电路装调	1.3.1　能按要求配备照明灯具，确定安装位置 1.3.2　能按要求安装照明灯具 1.3.3　能对不同照明灯具配备装具并安装接线 1.3.4★　能对照明线路进行调试 1.3.5　能选择、安装有功电能表	1.3.1　电光源及照明器材的种类 1.3.2　灯具安装规范 1.3.3　穿管电线安全载流量计算方法 1.3.4　接线工艺规范 1.3.5　日光灯等常用电光源的工作原理 1.3.6　有功电能表的结构和工作原理
	1.4　动力及控制电路装调	1.4.1　能安装配电箱（柜） 1.4.2　能对金属管进行煨弯、穿线、固定 1.4.3　能对电线保护管进行切割、穿线、连接、敷设 1.4.4　能使用线槽、槽板、桥架、拖链带等敷设电线电缆 1.4.5　能识别线号和标注线号 1.4.6　能进行导线的直线和分支连接 1.4.7　能选择和压接接线端子 1.4.8★　能对动力配电线路进行接线、调试	1.4.1　低压电器安装规范 1.4.2　管线施工规范 1.4.3　室内电气布线规范 1.4.4　单芯、多芯导线的连接方法 1.4.5　接线盒内导线的连接方法 1.4.6　低压保护系统分类 1.4.7　接地、接零安装规范

职业功能	工作内容	技能要求	相关知识要求
2. 继电控制电路装调维修	2.1 低压电器安装、维修	2.1.1 能安装、修理、更换按钮、继电器、接触器指示灯 2.1.2 ★能进行低压电器电路的检查、故障排除 2.1.3 能对手电钻等手持电动工具的线路进行检修	2.1.1 低压电器拆装工艺 2.1.2 手持电动工具国家标准
	2.2 交流电动机接线、维护	2.2.1 能分辨控制变压器的同名端 2.2.2 能分辨三相交流异步电动机绕组的首尾端 2.2.3 能对三相交流异步电动机裘电动机的主电路、正反转控制电路、Y/△启动控制电路进行接线、维护 2.2.4 能对单相交流异步电动机进行接线、维护 2.2.5 能对三相交流异步电动机进行保养	2.2.1 变压器同名端判断方法 2.2.2 交流异步电动机工作原理、分类方法 2.2.3 电动机绝缘检测方法 2.2.4 交流异步电动机保养方法
	2.3 低压动力控制电路维修	2.3.1 能识读电气原理图 2.3.2★ 能进行三相交流笼型异步电动机单方向运转控制电路的检查、调试、故障排除 2.3.3★ 能进行三相交流笼型异步电动机正反转控制电路的检查、调试、故障排除 2.3.4★ 能进行三相交流笼型异步电动机Y/△启动等降压启动控制电路的检查、调试、故障排除 2.3.5★ 能进行三相交流笼型多速异步电动机启动控制电路的检查、调试、故障排除 2.3.6★ 能进行三相交流步电动机多处控制电路的检查、调试、故障排除 2.3.7★ 能进行三相交流笼型异步电动机电磁抱闸控制电路的检查、调试、故障排除	2.3.1 电气原理图的识读分析方法 2.3.2 三相交流笼型异步电动机单方向运转电路原理 2.3.3 三相交流笼型异步电动机正反转电路原理 2.3.4 三相交流笼型异步电动机Y/△启动电路原理 2.3.5 三相交流笼型多速异步电动机自耦减压启动电路原理 2.3.6 三相交流笼型异步电动机多处控制电路原理 2.3.7 三相交流笼型异步电动机电磁抱闸电路原理
3. 基本电子电路装调维修	3.1 电子元件焊接作业	3.1.1 能根据焊接对象选择焊接工具 3.1.2 能进行焊前处理 3.1.3 能安装、焊接由电阻器、电容器、二极管、三极管等组成的单面印制电路板 3.1.4 能识别虚焊、假焊	3.1.1 电子焊接工艺 3.1.2 电烙铁、焊丝的分类、选用方法 3.1.3 助焊剂选用方法
	3.2 电子电路调试、维修	3.2.1 能进行半波和全波整流稳压电路的测量、调试、维修 3.2.2 能进行基本放大路的测量、调试、维修	3.2.1 半导体器件特性、工作原理 3.2.2 直流稳压电路组成、工作原理 3.2.3 基本放大电路组成、工作原理

3.2　四级/中级工

四级/中级工工作要求见附表 A‑2。

附表 A‑2	四级/中级工工作要求		
职业功能	工作内容	技能要求	相关知识要求
1. 继电控制电路装调维修	1.1　低压电器选用	1.1.1　能根据需要选用中间继电器、时间继电器、计数器等器件 1.1.2　能根据需要选用断路器、接触器、热继电器等器件	1.1.1　中间继电器、时间继电器、计数器等选型 1.1.2　断路器、接触器、热继电器等选型方法
	1.2　继电器、接触器线路装调	1.2.1★　能对多台三相交流笼型异步电动机顺序控制电路进行安装、调试 1.2.2★　能对三相交流笼型异步电动机位置控制电路进行安装、调试 1.2.3　能对三相交流绕线式异步电动机启动控制电路进行安装、调试 1.2.4★　能对三相交流异步电动机能耗制动、反接制动、再生发电制动等制动电路进行安装、调试	1.2.1　三相交流笼型异步电动机顺序控制电路原理 1.2.2　三相交流笼型异步电动机位置控制电路原理 1.2.3　三相交流绕线式异步电动机启动控制电路原理 1.2.4　三相交流异步电动机能耗制动、反接制动、再生发电制动等制动电路原理
	1.3　临时供电、用电设备设施的安装、维护	1.3.1★　能安装、维护临时用电总配电箱、分配电箱、开关箱及线路 1.3.2★　能选用、安装临时用电照明装置、隔离变压器 1.3.3　能安装、维护、拆除搅拌机、搅拌机等电动建筑机械 1.3.4　能安装、维护、拆除电焊机等移动式设备 1.3.5　能安装、维护临时用电设备的接地装置、独立避雷针	1.3.1　临时用电配电箱、开关箱安装规范 1.3.2　低压电器及电动机的防护等级 1.3.3　临时用电系统电气工作接地、保护接地（接零）等接地装置的安装规范 1.3.4　建筑物防雷设计规范
	1.4　机床电气控制电路调试、维修	1.4.1★　能对 C6140 车床或类似难度的电气控制电路进行调试，对电路故障进行排除 1.4.2★　能对 M7130 平面磨床或类似难度的电气控电路进行调试，对电路故障进行排除 1.4.3★　能对 Z37 摇臂钻床或类似难度的电气控制电路进行调试，对电路故障进行排除	1.4.1　机床电气故障分析、排除方法 1.4.2　C6140 车床电气控制电路组成、控制原理 1.4.3　M7130 平面磨床电气控制电路组成、控制原理 1.4.4　Z37 摇臂钻床电气控制电路组成、控制原理

职业功能	工作内容	技能要求	相关知识要求
2. 电气设备（装置）装调维修	2.1 可编程控制器控制电路装调	2.1.1 能根据可编程控制器控制电路接线图连接可编程控制器及其外围线路 2.1.2 能使用编程软件从可编程控制器中读写程序 2.1.3 能使用可编程控制器的基本指令编写、修改三相异步电动机正反转、Y/△启动、三台电动机顺序启停等基本控制电路的控制程序	2.1.1 可编程控制器结构、特点 2.1.2 可编程控制器输入、输出端接线规则 2.1.3 可编程控制器编程软件基本功能、使用方法 2.1.4 可编程控制器基本指令、定时器指令、计数器指令的使用方法
	2.2 常见电力电子装置维护	2.2.1 能识别软启动器操作面板、电源输入端、电源输出端、电源控制端 2.2.2★ 能判断、排除软启动器故障 2.2.3 能设置充电桩参数 2.2.4★ 能检修充电桩电路	2.2.1 软启动器工作原理、使用方法 2.2.2 充电桩工作原理、使用方法
3. 自动控制电路装调维修	3.1 传感器装调	3.1.1 能根据现场设备条件选择传感器类型 3.1.2 能安装、调试光电开关 3.1.3 能安装、调试霍尔开关 3.1.4 能安装、调试电感式开关 3.1.5 能安装、调试电容式开关	3.1.1 光电开关工作原理、使用方法 3.1.2 霍尔开关工作原理、使用方法 3.1.3 电感式开关工作原理、使用方法 3.1.4 电容式开关工作原理、使用方法
	3.2 专用继电器装调	3.2.1 能安装、调试速度继电器 3.2.2 能安装、调试温度继电器 3.2.3 能安装、调试压力继电器	3.2.1 速度继电器工作原理、使用方法 3.2.2 温度继电器工作原理、使用方法 3.2.3 压力继电器工作原理、使用方法
4. 基本电子电路装调维修	4.1 仪器仪表使用	4.1.1 能使用单、双臂电桥测量电阻 4.1.2 能使用信号发生器产生三角波、正弦波、矩形波等信号 4.1.3 能使用示波器测量波形的幅值、频率	4.1.1 单、双臂电桥使用方法 4.1.2 信号发生器使用方法 4.1.3 示波器使用方法
	4.2 电子元器件选用	4.2.1 能为稳压电路选用78、79系列集成电路 4.2.2 能为调光调速电路选用晶闸管	4.2.1 78、79系列三端稳压集成电路选用方法 4.2.2 晶闸管选用方法
	4.3 电子电路装调维修	4.3.1 能对78、79系列集成电路进行安装、调试、故障排除 4.3.2 能对阻容耦合放大电路进行安装、调试、故障排除 4.3.3★ 能对单相晶闸管整流电路进行安装、调试、故障排除	4.3.1 阻容耦合放大电路工作原理 4.3.2 单相晶闸管整流电路工作原理

3.3 三级/高级工

三级/高级工工作要求见附表 A-3。

附表 A-3　　　　　　　　　三级/高级工工作要求

职业功能	工作内容	技能要求	相关知识要求
1. 继电控制电路装调维修	1.1 继电器、接触器控制电路分析、测绘	1.1.1 能对多台联动三相交流异步电动机控制方案进行分析、选择 1.1.2 能对 T68 镗床、X62W 铣床或类似难度的电气控制电路接线图进行测绘、分析	1.1.1 电气控制方案分析方法 1.1.2 电气接线图测绘步骤、分析方法
	1.2 机床电气控制电路调试、维修	1.2.1★ 能根据设备技术资料对 T68 镗床、X62W 铣床或类似难度的电路进行调试、维修 1.2.2★ 能根据设备技术资料对大型磨床、龙门铣床或类似难度的电路进行调试、维修 1.2.3★ 能根据设备技术资料对龙门刨床、盾构机或类似难度的电路进行调试、维修	1.2.1 T68 镗床、X62W 铣床电路组成、控制原理 1.2.2 大型磨床、龙门铣床电路组成、控制原理 1.2.3 龙门刨床、盾构电路组成、控制原理
	1.3 临时供电、用电设备设施的安装与维护	1.3.1 能确认临时用电方案，并组织实施 1.3.2★ 能组织安装临时用电配电室、配电变压器、配电线路 1.3.3★ 能安装、维护临时用电自备发电机 1.3.4 能安装、维护、拆除塔吊等建筑机械的电气部分	1.3.1 临时用电负荷计算 1.3.2 临时供电、用电设备型号、技术指标 1.3.3 接地装置施工、验收规范 1.3.4 施工现场临时用电安全技术规范
2. 电器设备（装置）装调维修	2.1 常用电力电子装置维修	2.1.1 能识别变频器操作面板、电源输入端、电源输出端、电源控制端 2.1.2 能根据用电设备要求，参照变频器使用手册，设置变频器参数，确认变频器故障 2.1.3★ 能对不间断电源整流电路、逆变电路、控制电路进行检修	2.1.1 变频器工作原理、使用方法 2.1.2 变频器故障类型 2.1.3 不间断电源工作原理、使用方法
	二选一　2.2 非工频设备装调维修	2.2.1★ 能对中高频淬火设备可控整流电源进行调试 2.2.2★ 能对中高频淬火设备高压电子管三点振荡电路进行调试 2.2.3★ 能对中高频火设备电容电路进行调试 2.2.4★ 能对中高频淬火设备加热变压器耦合电路进行调试	2.2.1 集肤效应、涡流等电磁原理 2.2.2 中高频淬火设备工作原理 2.2.3 中高频淬火设备调试方法 2.2.4 中高频淬火设备操作规程
	2.3 调功器装调维修	2.3.1 能安装、调试调功器设备 2.3.2 能检测调功器主电路、控制电路输出波形 2.3.3★ 能排除调功器内部主电路故障	2.3.1 调功器工作原理 2.3.2 过零触发控制电路工作原理

职业功能	工作内容	技能要求	相关知识要求
3. 自动控制电路装调维修	二选一 3.1 可编程控制系统分析、编程与调试维修	3.1.1 能使用基本指令编写自动洗衣机、机械手或类似难度的可编程控制器控制程序 3.1.2 能用可编程控制器改造 C6140 车床、T68 镗床、X62W 铣床或类似难度的继电控制电路 3.1.3 能模拟调试以基本指令为主的可编程控制器程序 3.1.4 能现场调试以基本指令为主的可编程控制器程序 3.1.5 能根据可编程控制器面板指示灯，借助编程软件、仪器仪表分析可编程控制系统的故障范围 3.1.6 能排除可编程控制系统中开关、传感器、执行机构等外围设备电气故障	3.1.1 自动洗衣机、机械手等设备的控制逻辑 3.1.2 梯形图编程规则 3.1.3 可编程控制器模拟调试方法 3.1.4 可编程控制器现场调试方法 3.1.5 可编程控制系统故障范围判断方法 3.1.6 可编程控制器外围设备常见故障类型、排除方法
	3.2 单片机控制电路装调	3.2.1 能根据单片机控制电路接线图完成单片机控制系统接线 3.2.2 能使用编程软件完成单片机集成上位机与单片机之间的程序传递 3.2.3 能分析信号灯闪烁控制或类似难度的单片机控制程序	3.2.1 单片机结构 3.2.2 单片机引脚功能 3.2.3 单片机编程软件、烧录软件基本功能 3.2.4 单片机基本指令使用方法
	二选一 3.3 消防电气系统装调维修	3.3.1 能检修消防泵的启动、停止电路 3.3.2 能检修消防系统用传感器 3.3.3 能检修消防联动系统 3.3.4 能检修消防主机控制系统 3.3.5 能设置消防系统人机界面	3.3.1 消防电气系统安装、运行规范 3.3.2 消防用传感器的种类、选用方法 3.3.3 人机界面设置方法
	3.4 冷水机组电控设备维修	3.4.1 能检修冷水机组的启动、停止电路 3.4.2 能检修冷水机组的流量控制电路 3.4.3 能检修冷水机组的温度控制电路 3.4.4 能检修冷水机组的制冷量控制电路	3.4.1 温度传感器选用方法 3.4.2 流量传感器选用方法 3.4.3 冷水机组操作规范
4. 应用电子电路调试维修	4.1 电子电路分析测绘	4.1.1 能对由集成运算放大器组成的应用电路进行测绘 4.1.2 能分析由分立元件、集成运算放大器组成的应用电子电路的功能、用途	4.1.1 电子电路测绘方法 4.1.2 集成运算放大器的线性应用、非线性应用
	4.2 电子电路调试维修	4.2.1 能对编码器、译码器等组合逻辑电路进行调试维修 4.2.2 能对寄存器、计数器等时序逻辑电路进行调试维修 4.2.3 能分析由 555 集成电路组成的定时器等常用电子电路的功能、用途 4.2.4 能对小型开关稳压电路进行调试维修形分析方法	4.2.1 编码器、译码器等组合逻辑电路基础知识 4.2.2 寄存器、计数器等时序逻辑电路基础知识 4.2.3 555 集成电路基础 4.2.4 小型开关稳压电路工作原理

职业功能	工作内容	技能要求	相关知识要求
4. 应用电子电路调试维修	4.3 电力电子电路分析测绘	4.3.1 能对晶闸管触发电路进行测绘 4.3.2 能对相控整流主电路、触发电路工作波形进行测绘	4.3.1 半波可控整流电路、半控桥式整流电路、全控桥式整流电路工作原理 4.3.2 可控整流电路计算方法
	4.4 电力电子电路调试维修	4.4.1★ 能利用示波器对相控整流主电路、触发电路进行波形测量和调试 4.4.2★ 能对相控整流主电路、触发电路进行维修	4.4.1 相控整流电路调 4.4.2 相控整流电路波形分析方法
5. 交直流传动系统装调维修	5.1 交直流传动系统安装	5.1.1 能识读分析交直流传动系统图 5.1.2 能对交直流传动系统的设备、器件进行检查确认 5.1.3 能对交直流传动系统设备进行安装	5.1.1 直流调速系统工作原理 5.1.2 交流调速系统工作原理
	5.2 交直流传动系统调试	5.2.1 能分析交直流传动系统中各单元电路工作原理 5.2.2★ 能对交直流调速电路进行调试	5.2.1 电磁转差离合器调速工作原理 5.2.2 串级调速工作原理 5.2.3 单闭环直流调速工作原理
	5.3 交直流传动系统维修	5.3.1 能分析判断交直流传动系统的故障原因 5.3.2★ 能对交直流传动装置及外围电路故障进行分析、排除	5.3.1 交直流传动系统常见故障

3.4 二级/技师

二级/技师工作要求见附表 A-4。

附表 A-4　　　　　二级/技师工作要求

职业功能	工作内容		技能要求	相关知识要求
1. 电气设备（装置）装调维修	1.1 数控机床电气控制装置装调维修		1.1.1 能对编码器、光栅尺进行调整 1.1.2★ 能对数控机床电气线路进行装调维修	1.1.1 编码器、光栅尺工作原理 1.1.2 数控机床电气控制原理
	二选一	1.2 工业机器人调试	1.2.1 能对工业机器人外围线路进行连接、调试 1.2.2 能对工业机器人进行示教编程 1.2.3 能对工业机器人进行保养	1.2.1 工业机器人工作原理 1.2.2 示教器使用方法 1.2.3 工业机器人基本指令使用方法 1.2.4 工业机器人保养方法
		1.3 单片机控制的电气装置装调维修	1.3.1 能编写、调试电动机启停控制或类似难度的单片机程序 1.3.2 能调试以基本指令为主的单片机程序 1.3.3 能使用编程软件、仪器仪表划定单片机控制的电气装置的故障范围 1.3.4 能排除单片机控制的电气装置电气故障	1.3.1 单片机控制系统开发流程 1.3.2 单片机应用程序编译、仿真调试、烧录的方法 1.3.3 单片机控制系统故障检测、判断方法

职业功能	工作内容		技能要求	相关知识要求
2. 自动控制电路装调维修	2.1 可编程控制系统编程与维护		2.1.1 能对模拟量输入输出模块进行程序分析、程序编制 2.1.2 能选用和连接触摸屏 2.1.3 能设置触摸屏与可编程控制器之间的通信参数 2.1.4 能编辑和修改触摸屏组态画面 2.1.5 能判断、排除可编程控制器功能模块故障	2.1.1 可编程控制器功能模块技术参数 2.1.2 可编程控制器特殊功能模块参数的设置方法 2.1.3 触摸屏组态软件使用方法 2.1.4 可编程控制器与触摸屏之间的通信规约
	二选一	2.2 风力发电系统电气设备维护	2.2.1 能对风力发电变桨系统进行维护 2.2.2 能对风力发电解缆系统进行维护	2.2.1 风力发电基础知识
		2.3 光伏发电系统电气设备维护	2.3.1 能对太阳能电池应用电路进行维护 2.3.2 能对光伏发电系统电路进行维护	2.3.1 光伏发电基础知识
	二选一	2.4 双闭环直流调速系统装调维修	2.4.1 能对双闭环直流调速系统组成设备、器件进行检查确认 2.4.2★ 能对速度环、电流环进行调试 2.4.3 能分析判断双闭环直流调速系统故障原因 2.4.4★ 能排除双闭环直流调速装置及外围电路故障	2.4.1 双闭环直流调速系统工作原理 2.4.2 双闭环直流调速系统常见故障
		2.5 变频恒压供水系统装调维修	2.5.1 能对变频恒压供水系统组成设备、器件进行检查确认 2.5.2 能对变频恒压供水系统设备进行安装 2.5.3★ 能对变频恒压供水系统电路进行故障排除 2.5.4★ 能对变频恒压供水系统电路进行故障排除 2.5.5 能对 PID 调节器进行安装接线 2.5.6 能根据控制要求设置、调整 PID 调节器参数 2.5.7 能对 PID 调节器进行自整定调试	2.5.1 变频恒压供水系统组成，工作原理 2.5.2 压力变送器使用方法 2.5.3 PID 调节器工作原理 2.5.4 PID 调节器参数设置方法 2.5.5 PID 调节器自整定调试方法

职业功能	工作内容	技能要求	相关知识要求
3. 应用电子电路调试维修	3.1　电子电路分析测绘	3.1.1　能对由组合逻辑电路组成的电子应用电路进行分析测绘 3.1.2　能对由时序逻辑电路组成的电子应用电路进行分析测绘	3.1.1　组合逻辑电路工作原理 3.1.2　时序逻辑电路工作原理
	3.2　电子电路调试维修	3.2.1　能对 A/D、D/A 应用电路进行调试 3.2.2　能对寄存器型 N 进制计数器应用电路进行调试 3.2.3　能对中小规模集成电路的外围电路进行维修	3.2.1　A/D、D/A 转换器工作原理 3.2.2　寄存器型 N 进制计数器工作原理 3.2.3　集成触发电路工作原理
	3.3　电力电子电路分析测绘	3.3.1　能测绘三相整流变压器△/Y-11 或 Y/Y-12 联结组别 3.3.2　能测绘晶闸管触发电路、主电路波形 3.3.3　能测绘直流斩波器电路波形	3.3.1　三相变压器联结组别国家标准 3.3.2　晶闸管电路同步（定相）方法 3.3.3　直流斩波电路工作原理
	3.4　电力电子电路调试维修	3.4.1　能根据三相整流变压器△/Y-11 或 Y/Y-12 联结组别号进行接线 3.4.2★　能分析、排除相控整流电路故障 3.4.3　能根据需要对直流斩波器输出波形进行调整	3.4.1　相控整流电路常见故障 3.4.2　直流斩波器工作原理
4. 交直流传动及伺服系统调试维修	4.1　交直流传动系统调试维修	4.1.1　能分析造纸机交直流调速系统或类似难度的电气控制系统原理图 4.1.2★　能对造纸机交直流调速系统或类似难度的电气传动系统进行调试、维修	4.1.1　反馈原理与分类 4.1.2　交直流调速系统调试方法 4.1.3　交直流调速系统常见故障
	4.2　伺服系统调试维修	4.2.1　能对步进电动机驱动装置进行安装、调试 4.2.2　能分析、排除步进电动机驱动器主电路故障 4.2.3　能分析交直流伺服系统电气控制原理图 4.2.4★　能对交直流伺服系统进行调试、维修	4.2.1　步进电动机驱动装置调试方法 4.2.2　步进电动机驱动器常见故障 4.2.3　交直流伺服系统调试方法 4.2.4　交直流伺服系统常见故障
5. 培训与技术管理	5.1　培训指导	5.1.1　能编写培训教案 5.1.2　能对本职业高级工及以下人员进行理论培训 5.1.3　能对本职业高级工及以下人员进行操作技能指导	5.1.1　培训教案编制方法 5.1.2　理论培训教学方法 5.1.3　操作技能指导方法
	5.2　技术管理	5.2.1　能进行电气设备检修管理 5.2.2　能进行电气设备维护质量管理 5.2.3　能制定电气设备大、中修方案	5.2.1　电气设备检修管理方法 5.2.2　电气设备维护质量管理方法 5.2.3　电气设备大、中修方案编写方法

3.5 一级/高级技师

一级/高级技师工作要求见附表 A-5。

附表 A-5　　　　　　　　一级/高级技师工作要求

职业功能	工作内容	技能要求	相关知识要求
1. 电气设备（装置）装调维修	1.1 数控机床电气系统故障判断与维修	1.1.1 能判断数控机床主轴电气控制线路故障 1.1.2 能判断数控机床伺服系统相关线路故障 1.1.3 能判断数控机床检测电路故障 1.1.4★ 能排除数控机床主轴电气控制线路故障 1.1.5★ 能排除数控机床伺服系统相关线路故障 1.1.6★ 能排除数控机床检测电路故障	1.1.1 常用数控系统工作原理 1.1.2 数控系统常见故障判断 1.1.3 数控机床主轴系统、伺服系统、进给系统工作原理 1.1.4 数控机床检测装置工作原理
	1.2 复杂生产线电气传动控制设备调试维修	1.2.1 能分析多辊连轧机或类似难度的电气控制系统原理 1.2.2★ 能对多辊连轧机或类似难度的电气传动系统进行调试、维修	1.2.1 多辊连轧机电气控制原理 1.2.2 多辊连轧机电气控制系统常见故障
2. 电气自动控制系统调试维修	2.1 电气自动控制系统分析、测绘	2.1.1 能分析工业自动控制系统电气控制原理 2.1.2 能按控制要求测绘电气自动控制系统原理图 2.1.3 能对电气自动控制系统提出技术改进建议	2.1.1 电气测量基础知识 2.1.2 自动控制基础知识 2.1.3 自动控制系统性能指标
	2.2 工业控制网络系统调试与维修	2.2.1 能分析工厂自动化系统的现场总线组成 2.2.2 能分析工厂自动化系统的工业以太网结构 2.2.3 能根据要求选用通信设备、器件 2.2.4 能选用数据传输介质，对网络进行布线、连接 2.2.5 能对工业控制网络上的各节点进行组态、参数配置 2.2.6 能根据网络通信协议选择各控制节点之间的数据交换方式	2.2.1 网络通信基础知识 2.2.2 PROFIBUS 等现场总线应用基础知识 2.2.3 工业以太网应用基础知识 2.2.4 设备级网络通信硬件配置方法 2.2.5 设备级网络组态方法
	2.3 可编程控制系统调试与维修	2.3.1 能用可编程控制器特殊功能模块、功能指令对控制程序进行编制、修改 2.3.2 能调试、维修由可编程控制器、触摸屏、传感器、变频器、伺服系统、执行部件组成的多功能控制系统 2.3.3 能设置可编程控制器之间、可编程控制器与其他智能设备之间的通信参数	2.3.1 特殊功能模块应用方法 2.3.2 计算机通信知识 2.3.3 串行通信基础知识

职业功能	工作内容	技能要求	相关知识要求
3. 培训与技术管理	3.1 培训指导	3.1.1 能制定培训方案 3.1.2 能对本职业技师及以下人员进行培训与技术管理 3.1.3 能对本职业技师及以下人员进行操作技能指导	3.1.1 培训方案制定方法
	3.2 技术管理	3.2.1 能编写电气控制系统安装工艺、验收方案 3.2.2 能对工艺线路、控制方案等提出优化建议 3.2.3 能对技术改造项目进行成本核算	3.2.1 安装工艺编写方法 3.2.2 设备验收报告编写方法 3.2.3 项目改造成本核算方法

4. 权重表

4.1 理论知识权重表

理论知识权重表见附表 A-6。

附表 A-6　　　　　　　　　　理论知识权重表

项目	技能等级	五级/初级工（%）	四级/中级工（%）	三级/高级工（%）	二级/技师（%）	一级/高级技师（%）
基本要求	职业道德	5	5	5	5	5
	基础知识	20	15	10	5	5
相关知识要求	电气安装与线路敷设	25	—	—	—	—
	继电控制电路装调维修	30	25	10	—	—
	电气设备（装置）装调维修	—	20	25	25	35
	自动控制电路装调维修	—	25	10	10	—
	基本电子电路装调维修	20	10	—	—	—
	应用电子电路调试维修	—	—	15	15	—
	交直流传动系统装调维修	—	—	25	—	—
	交直流传动及伺服系统调试维修	—	—	—	30	—
	电气自动控制系统调试维修	—	—	—	—	45
	培训与技术管理	—	—	—	10	10
合计		100	100	100	100	100

4.2　技能要求权重表

技能要求权重表见附表 A - 7。

附表 A - 7　　　　　　　　　　　　技能要求权重表

项目	技能等级	五级/初级工（%）	四级/中级工（%）	三级/高级工（%）	二级/技师（%）	一级/高级技师（%）
相关知识要求	电气安装与线路敷设	40	—	—	—	—
	继电控制电路装调维修	40	30	15	—	—
	电气设备（装置）装调维修	—	25	30	25	45
	自动控制电路装调维修	—	30	20	15	—
	基本电子电路装调维修	20	15	—	—	—
	应用电子电路调试维修	—	—	15	20	—
	交直流传动系统装调维修	—	—	20	—	—
	交直流传动及伺服系统调试维修	—	—	—	30	—
	电气自动控制系统调试维修	—	—	—	—	40
	培训与技术管理	—	—	—	10	15
合计		100	100	100	100	100

附录 B　电工安全用电常识

一、电伤和电击

因人体接触或接近带电体，所引起的局部受伤或死亡现象称触电。按人体受伤的程度不同，触电可分为电伤和电击两种。

电伤是指人体外部受伤，如电弧灼伤，与带电体接触后的皮肤红肿以及在大电流下融化飞溅的金属（包括熔丝）未对皮肤的烧伤等。

电击是指人体内部器官受伤。电击是由电流流过人体而引起，人体常因电击而死，所以它是最危险的触电事故。

电击伤人的程度，由流过人体电流的频率、大小、途径、持续时间的长短以及触电者本身的情况而定。实验证明，频率为 $25\sim300\mathrm{Hz}$ 的电流最危险，随着频率的升高，危险性将减小。通过人体 $1\mathrm{mA}$ 的工频电流就会使人有麻的感觉；$50\mathrm{mA}$ 的工频电流就会使人有生命危险；$100\mathrm{mA}$ 的工频电流足以使人死亡。电流通过心脏和大脑时，人体最容易死亡，所以头部触电及左手到右脚触电最危险；另外，人体通电时间越长，危险性越大。

通过人体电流的大小与触电电压和人体电阻有关，而人体电阻与触电部分皮肤表面的干湿情况、接触面积的大小及身体素质有关。通常人体电阻为 800Ω 至几万欧不等，个别人的最低电阻为 600Ω 左右，当皮肤出汗、有导电液或导电尘埃时，人体电阻还要低。

根据 GB 3805—1983，安全电压是防止触电事故而采取的由特定电源提供的电压系列。这个电压系列的上限值，在任何情况下两导体间或任一导体与地之间均不得超过交流（$50\sim500\mathrm{Hz}$）有效值 $50\mathrm{V}$。

安全电压额定值的等级为 42、36、24、12、$6\mathrm{V}$。但必须注意：$42\mathrm{V}$ 或 $36\mathrm{V}$ 等电压并非绝对安全，在充满导电粉末或相对湿度较高或酸碱蒸汽浓度大等情况下，也曾发生触电及 $36\mathrm{V}$ 电压而死亡的事故。在上述这些情况下，必须使用 $24\mathrm{V}$ 或更低等级的电压。

二、电火灾和雷击

电火灾是因输配电线漏电、短路或负载过热等而引起的火灾。它对人民的生命财产有着严重的威胁，应设法预防。

雷击是由带有两种不同电荷的云朵之间，或云朵与大地之间的放电而引起的伤害。它是目前难以避免的一种自然现象。

三、常见的触电原因和方式

常见的触电原因有三种：一是违章冒险，如明知在某种情况下不准带电操作，而冒险在无必要保护措施下带电操作，结果触电伤亡。二是缺乏电气知识，如把普通 220V 台灯移到浴室照明，并用湿手去开关电灯；又如发现有人触电时，不是及时切断电源或用绝缘物使触电者脱离电源，而是用手去拉触电者等。三是输电线或用电设备的绝缘损坏，当人体无意触摸着因绝缘损坏的通电导线或带电金属体时，发生触电。

常见的触电方式有两线触电和单线触电。两线触电时人体受到线电压的作用，最为危险；供电网的中线接地时的单线触电时，人体承受相电压，也很危险；供电网无中线或中线不接地时的单线触电时，电流通过人体进入大地，再经过其他两相对地电容或绝缘电阻流回电源。当绝缘不良或对地电容较大时也有危险。

四、常用安全用电措施

安全用电的原则是不接触低压带电体，不靠近高压带电体。常用的安全用电措施如下：

（一）火线必须接近开关

火线接近开关后，当开关处于分断状态时，用电器上就不带电，不但利于维修，而且可以减少触电机会。此外，接螺口灯座时，火线要与灯座中心的簧片连接，不允许与螺纹相连。

（二）合理选择照明电压

一般工厂和家庭的照明灯具多采用悬挂式，人体接触机会较少，可选用 220V 电压供电；人体接触机会较多的机床照明灯则应选 36V 供电，决不允许采用 220V 灯具做机床照明；在潮湿、有导电灰尘、有腐蚀性气体的情况下，则应选用 24V、12V 甚至是 6V 电压来供照明灯具使用。

（三）合理选择导线和熔丝

导线通过电流时，不允许过热，所以导线的额定电流应比实际输电的电流要大些。而熔丝是做保护的作用，要求电路发生短路时能瞬间熔断，所以不能选额定电流很大的熔丝来保护小电流电路。但也不能用额定电流小的熔丝来保护大电流电路，因为这会使电路无法正常工作。导线和熔丝的额定电流值可通过查找手册获得。

较为常用的聚氯乙烯绝缘平行连接软线（代号是 RVB-70）和聚氯乙烯绝缘双绞连接软线（代号是 RVS-70），适用于交流 250V 以下电气的连接导线。

（四）电气设备要有一定的绝缘电阻

电气设备的金属外壳和导电线圈间必须要有一定的绝缘电阻，否则当人触及正在工作的电气设备（如电动机、电风扇等）的金属外壳就会触电。通常要求固定电气设备的绝缘电阻不低于 $1M\Omega$；可移动的电气设备，如手枪式电钻、冲击钻、台式电扇、洗衣机等绝缘电阻还应高一些。一般电气设备在出厂前，都测量过它们的绝缘电阻，以确保使用者的安全。但是在使用电气设备的过程中，应注意保护电气设备的绝缘材料，预防绝缘材料受伤或老化。

（五）电气设备的安装要正确

电气设备要根据安装说明进行安装，不可马虎从事。带电部分应有防护罩，高压带电体更应有效加以防护，使一般人无法靠近高压带电体。必要时应加联锁装置，以防触电。

在安装手电钻等移动式电具时，其引线和插线都必须完整无损，引线应采用坚韧橡皮或塑料护套线，且不应有接头，长度不宜超过 5m。另外，金属外壳必须可靠接地。

（六）采用各种保护用具

保护工具是保证工作人员安全操作的工具，主要有绝缘手套、鞋、绝缘钳、棒、垫等。家庭中干燥的木制桌凳、玻璃、橡皮等也可充做保护用具。

（七）正确使用移动电具

使用手电钻等移动电具时必须戴绝缘手套，调换钻头时需拔下插头。每年取出电扇使用时应检查插头、引线、开关是否完好，绝缘电阻是否达到 $3M\Omega$；在移动电扇时应切断电源。不允许将 220V 普通电灯作为手提照明而随便移动。行灯电压应为 36V 或低于 36V。

（八）电气设备的保护接地或保护接零

正常情况下，电气设备的金属外壳是不带电的，但是在绝缘损坏而漏电时，外壳就会带电。为保证人触及漏电设备金属外壳时不会触电，通常采用保护接地或保护接零的安全措施。

1. 保护接地

将电气设备在正常情况下不带电的金属外壳或构架，与大地之间做良好的金属连接称作保护接地。通常采用深埋在底下的角铁、钢管做接地体。家庭中也可用自来水管做接地体，但应将水管接头的两端用导线连通。接地电阻不得大于 4Ω。

保护接地适用于 1000V 以上的电气设备以及电源中线不直接接地的 1000V 以下的电气设备。

采用保护接地后，即使人触及漏电的电气设备的金属外壳也不会有危险，因为这时金属外壳已与大地作可靠金属连接，且对地电阻很小，而人体电阻一般比接地电阻大数百到数万倍。当人触及金属外壳时，人体电阻与接地电阻相并联，则漏电机会全部经接地电阻流入大地，从而保证了人身安全。

2. 保护接零

将电气设备在正常情况下不带电的金属外壳或构架，与供电系统中的零线连接，叫作保护接零。保护接零适用于三相四线制中线直接接地系统中的电气设备。

接零后，若电气设备的某相绝缘损坏而漏电时，称该相短路。短路电流立即将熔丝熔断或使其他保护电气动作而切断电源，从而消除了触电危险。

单相用电器（如洗衣机、电烙铁等）所使用的三角插座或三眼插座是左零右火上接地。插头的正确接法是，应把用电器的金属外壳用导线连接在中间那个比其他两个粗或长的插脚上，并通过插座与保护零线相连，但三相供电系统中的中线上却不允许安装熔断器。

错误的保护接零方法，其错误在于将电气的金属外壳直接与接到用电器的零线相连。这种接法有时不但起不到保护作用，反而可能带来触电危险。若零线断裂或熔断丝熔断，则用电器的金属外壳就带电，这当然是危险的。插座或接线板的相线和零线接错的情况下，在其金属外壳上也会呈现电压，所以是不允许的。

为了防止零线断裂，目前在工厂中使用重复接地。所谓重复接地，就是将零线上的一点或多点再次与大地作金属连接。

必须指出的是，在同一供电线路中，不允许一部分电器采用保护接地，而另一部分电器采用保护接零的方法。因为此时若接地设备与某相碰壳短路，而设备的容量较大，所产生的短路电流使熔断器或其他保护电路动作，则零线的电位将升高。这会使零线相连接的所有电气设备的金属外壳都带上可能使人触电的危险电压。

五、触电急救

1. 触电解救

凡遇有人触电，必须用最快的方法使触电者脱离电源。若救护人离开控制电源的开关或插座较近，则应立即切断电源，否则应采用竹竿或木棒等绝缘物强迫触电者脱离电源；也可以用绝缘钳切断电源或戴上绝缘手套，穿上绝缘鞋将触电者拉离电源，千万不能赤手空拳去拉还未脱离电源的触电者。在切断电线时还应一根一根地剪，不能两根线一起剪。此外在触电解救中，还应注意高处的触电者触电受伤。

2. 紧急救护

在触电者脱离电源后，应立即进行现场紧急救护并及时报告医院。当触电者还未失去知觉时，应将他抬到空气流通、温度适宜的地方休息。当触电者出现心脏停搏、无法呼吸等假死现象时，不应慌乱，而应争分夺秒地在现场进行人工呼吸或胸外挤压。就是在送往医院的救护车上也不可中断，更不可盲目地给触电者注射强心针。

人工呼吸法适用于有心跳但无呼吸的触电者，其中口对口人工呼吸法的口诀是：病人仰卧平地上，鼻孔朝天颈后仰，首先清理口鼻腔，然后松扣解衣裳。捏鼻吹起要适量，排气应让口鼻畅。吹二秒来停三秒，五秒一次最恰当。

胸外挤压法适用于有呼吸但无心跳的触电者。其口诀是：病人仰卧硬地上，松开领口解衣裳。当胸放撑不鲁莽，中指应该对凹膛。掌跟用力向下按，压下一寸至半寸。压力轻重要适当，过分用力会压伤。慢慢压下突然放，1s 一次最恰当。

当触电者既无心跳也无呼吸时，可同时采用人工呼吸法和胸外挤压法进行急救。其中单人操作时，应口对口吹气两次，约 5s 内完成，再做胸外挤压 15 次（约 10s 内完成），以后交替进行。双人操作时，按前述口诀进行。

六、电火警的紧急处理

（1）发生电火警时，最重要的是先切断电源，然后救火，并及时报警。

（2）应选用二氧化碳灭火器、1211 灭火器、干粉灭火器或黄沙来灭火。但应注意，不要使用二氧化碳喷射到人的皮肤或脸部，以防冻伤或窒息。在没确知电源已被切断时，决不允许用水或普通灭火器来灭火。因为万一电源未被完全切断，就会有触电的危险。

（3）救火时不要随便与电线或电气设备接触，特别要留心地上的电线。

七、防雷击的安全措施

通常在高大建筑物或在雷区的每个建筑的顶部安装避雷针来预防雷击。对于使用室外电视机或收录机的用户，应装避雷器或防雷用的转换开关。在正常天气时将天线接入室内，在雷雨前将天线转接到接地体上，以防因天线引入的雷击。

此外，雷雨时尽量不外出走动，更不要在大树下躲雨，不站立高处，而应下蹲在低凹处且两脚尽量并拢。

八、其他安全用电常识

（1）任何电气设备在位确认无电以前，应一律认为有电，因此不要随便接触电气设备。

（2）不盲目信赖开关或控制装置，只有拔下用电器的插头才是最安全的。

（3）不损伤电线，也不乱拉电线。若发现电线、插头、插座有损坏，必须及时更换。

（4）拆开的或断裂的裸露的带电接头，必须及时用绝缘物包好并置放到人身不易碰到的地方。

（5）尽量避免带电操作，湿手时更应避免带电操作；在必要带电操作时，应尽量用一只手工作，另一只手可放在口袋中或背后。同时最好有监护人。

（6）当有数人进行电工作业时，应于接通电源时通知他人。

（7）不要依赖绝缘来防范触电。

（8）在带电设备周围严禁使用钢皮尺、钢卷尺进行测量工作。

附录 C　内、外线电工安全操作规程

一、内外线电工的工作内容和在工业生产中的地位

电能在生产、输送、分配、使用及控制方面，都较其他形式的能量优越。因而，电能在工农业生产、科学实验及人民生活等各个领域都得到了广泛应用。

由包括各种电压等级的电力线路将一些发电厂、升降压变电所和电力用户联系起来的升压、输电、降压、配电和用电的整体，称为电力系统。内外线电工要为电力系统投入运行和应用服务。从发电到用电的许多环节中，都包含了内外线电工的辛勤劳动。因此，内外线电工是工农工业生产中必不可少的技能人员，一个电工需要掌握的操作技能比较多，工作范围广，除电工本身的操作技能外，还需要掌握一些如钳工、建筑工、起重工和电器维修工等关联工种的基本知识和必需的操作技能。

内外线工程包括内线工程和外线工程两大部分。内线工程包括室内照明线路配线、灯具、开关、插座的安装与修理，高低压变配电设备的安装、修理、调试，生产设备的电气安装、配线、调试、变配电所的停送电操作、重合闸操作、停电事故的判断和处理，以及对由半导体器件组成的装置进行安装调试和维修等。外线工程，包括架空线路的架设，电力电缆的敷设、修理，电站、变配电所设备的安装等。

各个工种有其本身的工作内容和工艺过程。如室内暗线敷设及照明线路的安装，包括按图样要求进行预埋穿线管、开关、插座盒和接线盒等工作，这些工作必须配合土建工程的进度进行，也就是说电气安装工作必须与土建工作紧密配合；如生产设备的电气安装，则含有电机、控制电器和供电线路的安装，并配合机械试车时的电气调试等；变配电工程的安装，含有变压器、配电柜、开关、仪表及继电保护电器的安装等；架空线路工程则含有线路勘察、定位、挖坑、立杆（塔）、架线、紧线和弧垂调整等。内外线电工要安装调试好某台设备，除了要掌握安装操作技能外，还必须了解该设备的基本结构、性能和基本的工作原理，以便进一步理解安装的技术要求和目的。只有在理解和熟悉的基础上才能圆满完成该项工作。内外线电工的工作，很多内容是群体进行的，如人工立杆、架设线路等。电气安装工程的特点是：工作范围广，工作场面大，工程周期长。这就要求每个内外线电工要有集体主义观点，同心协力、通力合作来完成某一工作项目。

近年来，由于科学技术的不断发展，新电气产品、新材料以及新技术的不断出现，特别是电子技术的迅速发展，设备微型化及大规模集成电路的广泛应用等，给每个电工提出了更高的要求。因此，内外线电工一定要学习电子技术，以便在现代化设备的安装、

调试中能发挥更大的作用。

内外线电工承担着供电线路、电力设备、生产设备的电气安装和维修以及变配电系统的值班工作等。也就是说，只要有电的地方，就少不了内外线电工。

二、内外线电工的岗位责任制及操作规程

1. 外线安装电工操作规程

（1）工作前应先检查防护用品、工具、仪器是否完好。

（2）在六级以上大风、大雨及雷电等情况下，严禁登杆作业及倒闭操作。

（3）登杆工作前必须检查杆的根部是否牢固。新立杆在杆基未完全牢固以前严禁攀登。

（4）在杆上作业时，地面应有人监护，材料、工具要用吊绳传递，杆下 2m 以内不准站人，现场工作人员应佩戴安全帽。

（5）杆上作业必须使用安全带。安全带应系在电杆及牢固构件上，不得挂在横担上，应防止安全带从杆顶脱出。

（6）使用梯子时要有人扶持或有防滑措施。

（7）登杆进行带闸操作时必须有两人共同进行，一人操作，一人监护；操作机械传动的油断路器或隔离开关等，应戴绝缘手套。

（8）在停电线路上开始工作前，必须先在工作现场逐相验电并挂接地线；验电时应使用绝缘手套，并有专人监护。

（9）线路经验确实无电后，工作人员应立即在工作地段两端及可能送电的分支线路处挂接地线；挂接地线时要先接接地端，后接导线端；拆线时，次序应相反。

（10）杆上工作完毕后，应使用脚扣或蹬板下杆；严禁甩掉脚扣、蹬板而从线绳上或抱杆速溜。

（11）使用喷灯工作时，其油量不得超过容积的 3/4；打气要适当；不得使用漏油、漏气的喷灯。

2. 内线安装电工操作规程

（1）使用电动工具时，应使用绝缘手套，并站在绝缘垫上；电动工具的外壳必须接地；严禁将电动工具的外壳接地线和工作零线拧在一起插入插座。

（2）电气设备的金属外壳必须接地，接地线要符合标准。

（3）在带电设备附近工作时，禁止使用钢卷尺测量。

（4）用手动弯管器弯管时，要精神集中，操作人员一定要错开所弯的管子，以免被弯管器滑脱摔伤；用火弯管时，必须将沙子炒干，用木塞堵紧管口；加热管子时管口处

禁止站人，以防放炮伤人。

（5）剔槽打眼时，锤把必须牢固，不得松动；錾子应无飞刺，剔混凝土槽、打望天眼时必须戴好防护眼镜；使用大锤打眼时，禁止用手掌錾子，必须用大钳掌錾子，以免大锤伤手、伤人；不许戴着手套握锤把；打锤人应站在掌錾子人的侧面，严禁站在对面。

（6）削线头时刀口要向外，削线时不能过猛，防止削在手指上。

（7）打管、穿钢丝和穿线时，双方要一呼一应有节奏地进行，不要用力过猛，以免伤手。

（8）用大锤砸接地体时，要注意有适当高度，往下砸时，要稳、准，注意防止飞锤；扶接地体时要站在侧面，不能摇晃，最好用大钳卡紧，人距接地体要远些，以免被打伤。

（9）安装灯头时，开关必须接在相线上，灯口螺钉必须接在零线上。

（10）停电时，必须切断各回线可能来电的电源；不能只拉开断路器进行工作，而必须拉开隔离开关（或刀开关）；使各回线至少有一个明显的断开点。

（11）在电容器组回路上工作时，必须将电容器逐个对地放电，并接地。

（12）在停电检修低压回路时，应断开电源，取下熔断器，在刀开关把手上挂"禁止合闸，有人工作"的警示牌。

（13）工作结束后，工作人员清扫、整理现场，工作负责人要进行周密检查，待全体人员撤离工作现场后，向值班人员详细交代工作内容和问题，并且共同检查，然后办理工作交接班手续。

3. 维修值班电工操作规程

（1）工作前，必须检查工作、测量仪表和防护用具是否完好。

（2）任何电器设备未经验电，一律视为有电，不准用手触及。

（3）不准在运转中拆卸修理电气设备，必须在停车后切断设备电源，取下熔断器，并验明无电后，方可进行工作。

（4）禁止带负载拉开动力配电箱中的刀开关。

（5）带电装卸熔断器时，要戴防护眼镜和绝缘手套，必要时要使用绝缘夹钳，并站在绝缘垫上。

（6）熔断器的容量要与设备和线路安装容量相适应。

（7）电器或线路被拆除后，对有可能带电的线头必须及时用绝缘布包扎好。

（8）必须在低压设备上进行带电工作时，要经过领导批准，并要有准人监护，工作时必须按带电工作的有关规定进行，严禁使用铁刀、钢直尺进行工作。

（9）由专门检修人员修理设备时，值班电工要进行登记；完工后要做好交代并共同检查，方可送电。

（10）电气设备发生火灾时，要立刻切断电源，不能使用四氯化碳、1211或二氧化碳灭火器进行灭火，严禁用水灭火。

4. 配电室值班电工操作规程

（1）值班电工必须具备必要的电工知识，熟悉安全操作规程，熟悉供电系统和配电室各种设备的性能和操作方法，并具备在异常情况下采取措施的能力。

（2）值班电工要有高度的工作责任心。严格执行值班巡视制度、倒闸操作制度、工作票制度、交接班制度、安全用具及消防设备管理制度和出入制度等各项规定。

（3）不论高压设备带电与否，值班人员不得单人移开或超过栅栏进行工作；若有必要移开时，必须由监护人在场。

（4）巡视配电装置，进出高压室时，必须将门锁好。

（5）雷雨天气需要巡视室外高压设备时，应穿绝缘鞋，并不得靠近避雷器与避雷针。

（6）停电拉闸操作必须按照断路器（或负荷开关等）、负荷侧隔离开关、母线侧隔离开关的顺序依次操作。

（7）高压设备和大容量低压总盘上的道闸操作，必须由两人执行，并由高级工担任监护。

（8）电气设备停电后，在未拉刀开关和做好安全措施以前应视为有电，不得触及设备和进入栅栏，以防突然来电。

（9）工作结束，工作人员要撤离时，工作负责人应向值班人员交代清楚，并共同检查，然后双方办理工作终结签证后，值班人员方可拆除安全设施，恢复送电。

在未办理工作终结手续前，值班人员不准将施工设备合闸送电。

三、安全与文明生产

为了保障人身、设备及社会财产的安全，国家有关部门陆续颁发了一系列的规程和制度，如电气装置安装规程、电气装置检修规程、电气设备运行规程、安全操作规程等，每个电工必须认真学习、严格遵守，才能获得安全保障，以免给本人、家庭带来痛苦。

作为电工，特别是初学者，应该认真参加有关方面组织的安全教育和培训，熟知电气安全规程和电工安全操作规程，掌握电气设备在安装、使用、维护、检修过程中的安全要求，并要学会处理电气事故和扑灭电气火灾的方法，掌握触电急救的技能，特别注意和掌握以下保证安全的几项措施：

（1）任何电气设备在未确认无电以前，应一律作为有电状态下处理和工作。

（2）电气设备的安装必须正确，电气设备要根据说明书中的要求和电气设备安装规程进行安装，严禁带电部分外露。应装设必要的防护罩和联锁装置，以防意外。

（3）尽量避免带电作业，特别是对于初学者；对于危险场所，如工作场地狭窄，工作处附近有带电导体等，决不允许带电作业。

（4）所用电工工具、测量仪表必须完好和准确，对验电笔要反复验证。在电气设备上工作前，切断电源开关及控制设备后，仍需用验电笔测试，待确认电源已被切断后，才能工作。

（5）切断电源开关后，必须挂上标志（停电）牌，必要时派人监视，然后才可以工作，以防他人误操作产生触电事故。

（6）必须严格遵守搭接临时电线的有关规定，严禁乱拉临时线。

（7）应用一类电动工具（如电钻、电动扳手等）时，必须戴绝缘手套，并站在绝缘垫上；配用的隔离变压器必须是双绕组的，且必须接地良好。

（8）熟人同时进行电工作业时，必须有人领班负责及指挥；接通电源前必须由领班发令指挥。

当好一名电工，还应注意举止文明，待人接物注意礼貌，讲究职业道德，严格执行班组的生产及技术管理的各种规章制度，做到工作有目标、有标准、有程序，行为有准则。

工作中做到"四不一坚守"：工作时间不串岗、不闲聊、不影响他人工作，坚守工作岗位，保持正常的工作秩序。

注意个人卫生，防护用品穿戴整齐；关心集体，经常打扫卫生，保持地面整洁；努力建立良好的生产、工作环境和保持正常的生产和工作秩序，为提高工作质量及技术水平作出努力。

附录 D 常用电器图形及文字符号

常用电器图形及文字符号见附表 D-1。

附表 D-1 常用电器图形及文字符号

类别	名称	图形符号	文字符号	类别	名称	图形符号	文字符号
开关	组合旋钮开关		QS	位置开关	动合（常开）触头		SQ
	低压断路器		QF		动合（常闭）触头		SQ
	控制器或操作器开关		SA		复合触头		SQ
按钮	动合（常开）按钮		SB	中间继电器	线圈		KA
	动断（常闭）按钮		SB		动合（常开）触头		KA
	复合按钮		SB		动断（常闭）触头		KA

类别	名　称	图形符号	文字符号	类别	名　称	图形符号	文字符号
接触器	线圈操作器件		KM	电流继电器	过电流线圈		KA
	动合（常开）主触头		KM		欠电流线圈		KA
	动合（常开）辅助触头		KM		动合（常开）触头		KA
	动断（常闭）辅助触头		KM		动断（常闭）触头		KA
时间继电器	通电延时（缓吸）线圈		KT	速度继电器	速度继电器动合（常开）触头		KS
	断电延时（缓放）线圈		KT		压力继电器动合（常开）触头		KP
	瞬时闭合的动合（常开）触头		KT	熔断器	熔断器		FU
	瞬时断开的动合（常开）触头		KT				
	延时闭合的动合（常开）触头	或	KT				
	延时断开的动断（常闭）触头	或	KT				

附录 E 电工常用仪表的使用及维护

一、万用表

万用表是一种多用途和多量限的电气测量仪表。万用表分指针式和数字式两种，如附图 E-1 所示。一般万用表可测量交流电压和电流、直流电压和电流电阻等。数字式万用表除了可测试上述参数以外，有的还可以测量电容、电感等。下面主要介绍指针式万用表。

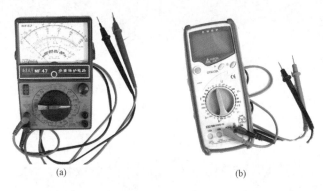

(a) (b)

附图 E-1 万用表

(a) 指针式；(b) 数字式

在使用指针式万用表前，首先要检查仪表指针是否停在标尺的零位上，如果不在零位，可旋转表盘上的调零旋钮，将指针调到零位。

测量电阻之前，应根据被测电阻选择相应的量程。使用万用表电阻挡要消耗表内电池电量，所以使用一段时间后电池电压就会降低。为了消除电池电压降低的影响，在测量电阻之前要将两表笔短接一下，并调节表头上的零位。在实际测量电阻时每换一挡量程都需要调零。如经调零电位器调零后指针仍不能指到零位，说明表内电池电压已下降到一定值，应更换新电池。如果在更换完新电池后，仍不能将其调至零位，有可能调零器有故障或表内有故障，需要做进一步检查修理。在使用中读阻值时，其阻值等于读数乘以该量程的倍数（如：转换开关拨至×10 的位置上，则读数乘以 10 才等于被测电阻的数值，以此类推）。要得到准确被测值，万用表量程要与被测电阻值接近，才能使被测值准确。

测量电路上的某一电阻值时，必须断开被测电路的电源，同时应断开被测电阻的一端让其悬空，从而避免其他并联电路影响测量结果。另外，也不能在测量时用手捏住电阻的两端，因为这样相当于将人体电阻与被测电阻并联，影响测量结果的准确性。

测量直流电压、直流电流时，要注意要选对测量种类和量程，不能错用电阻挡测量电压和电流，以免烧坏表头。在不清楚被测电压或电流的数量级别时，可以先选择最大的量程，然后逐步减小量程，测量直流电压和电流时，应该注意极性，如反接表针反摆，极易损坏表针。如何正确连接（表示被测电路）是所需多注意的。

二、兆欧表

兆欧表是用来测量电气设备绝缘电阻的仪表，如附图 E-2 所示。

兆欧表又称摇表或绝缘电阻测量仪等。常用来测量高电阻值的只读式仪表，一般用来检查和测量电气设备和供电线路等的绝缘电阻。测量绝缘电阻时，对被测试的绝缘体需加以规定较高试验电压，以计量渗漏过绝缘体的电流大小来确定它的绝缘性能好坏。渗漏的电流越小，绝缘电阻也就越大，绝缘性能也就越好；反之就越差。

附图 E-2 兆欧表

1. 兆欧表的选用

在实际应用中，需根据被测对象选用不同电压和电阻测量范围的兆欧表。兆欧表的选用主要考虑电压等级、测量范围两个方面。一般 500V 以下的设备选用 250V 或 500V 的兆欧表；500～1000V 的设备，选用 1000V 兆欧表；1000V 以上设备选用 2500V 兆欧表。

兆欧表测量范围的选择主要考虑两点：一方面，测量低压电气设备的绝缘电阻时可选用 0～200MΩ 的兆欧表，测量高压电气设备或电缆时可选用 0～2000MΩ 兆欧表；另一方面，因为有些兆欧表的起始刻度不是零，而是 1MΩ 或 2MΩ，这种仪表不宜用来测量处于潮湿环境中的低压电气设备的绝缘电阻，因其绝缘电阻可能小于 1MΩ，造成仪表上无法读数或读数不准确。

兆欧表上有 3 个接线端子：L 端子接被测物体，E 端子接地，G 端子为保护环。

测量电机、电器或线路对地绝缘电阻时，其导电部分与 L 端子相连接，接地线或设备的外壳、基座等与 E 端子相接。测量电缆的线芯对其外壳的绝缘电阻时，线芯接 L 端子，电缆外壳接 E 端子。为了消除表面遗漏电流对测量结果的影响，要将电缆的绝缘层与 G 端子相连。

为了安全起见，测量时两手不能同时接触兆欧表的两根接线柱或是测量导线的金属部分。

测量中如指针已经指零，则立即停止摇动手柄以免烧坏表头。

兆欧表上有三个接线柱，两个较大的接线柱上分别标有 E（接地）、L（线路），另一个较小的接线柱上标有 G（屏蔽）。其中，L 接被测设备或线路的导体部分，E 接被测设备或线路的外壳或大地，G 接被测对象的屏蔽环（如电缆壳芯之间的绝缘层上）或不需测量的部分。兆欧表的常见接线方法如附图 E-3 所示。

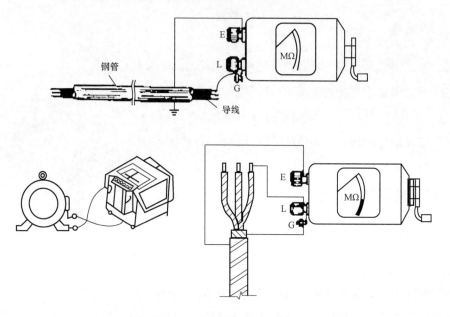

附图 E-3　兆欧表的接线方法

一些低电压的电力设备，其内部绝缘所承受的电压不高，为了设备的安全，测量时不能用电压太高的兆欧表，以免损坏设备的绝缘。此外，还应注意兆欧表的测量范围与被测电阻数值相适应，以减少误差。如测低压设备的绝缘电阻时，可选用 0～200MΩ 量程表。

2. 绝缘电阻的一般要求

按电气安全操作规程，低压线路中每伏工作电压不低于 1kΩ，例如，380V 的供电线路，其绝缘电阻不低于 380kΩ；对于电动机要求每千伏工作电压定子绕组的绝缘电阻不低于 1MΩ，转子绕组绝缘电阻不低于 0.5MΩ。

3. 使用前的校验

兆欧表每次使用前（未接线情况下）都要进行校验，判断其好坏。兆欧表一般有三个接线柱，分别是"L"（线路）、"E"（接地）和"G"（屏蔽）。校验时，首先将兆欧表平放，使 L、E 两个端钮开路，转动手摇发电机手柄，使其达到额定转速，兆欧表的指针应指在"∞"处；停止转动后，用导线将 L 和 E 接线柱短接，慢慢地转动兆欧表手柄（转动必须缓慢，以免电流过大而烧坏绕组），若指针能迅速回零，指在"0"处，说明兆欧表是好的，可以测量，否则不能使用。

注意：半导体型兆欧表不宜用短路法进行校核，应参照说明书进行校核。

兆欧表的操作方法如附图 E-4 所示。

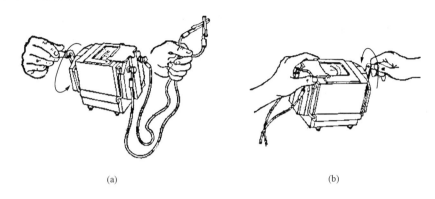

(a)　　　　　　　　　　　　　　　　　(b)

附图 E-4　兆欧表的操作方法

（a）校试兆欧表的操作方法；（b）测量时兆欧表的操作方法

4. 接线方法和注意事项

（1）测量电气设备的绝缘电阻时，必须先断电源，然后将设备进行放电，以保证人身安全和测量准确。对于电容量较大的设备（如大型变压器、电容器、电动机、电缆等），应有一定的充电时间。电容量越大，充电时间越长，其放电时间不应低于 3min，以消除设备残存电荷。放电方法是将测量时使用的地线，由兆欧表上取下，在被测物上短接一下即可。同时注意将被测试点擦拭干净。

（2）测量前，应了解周围环境的温度和湿度。当湿度过高时，应考虑接用屏蔽线；测量时应记录温度，以便对测得的绝缘电阻进行分析换算。

（3）兆欧表应放在平整而无摇晃或震动的地方，以便表身置于平稳状态，以免在摇动时因抖动和倾斜产生测量误差。

（4）接线柱与被测物体的连接导线不能用双股绝缘线或绞线，必须用单根线连接，连接表面不得与被测物接触，避免因绞线绝缘不良而引起误差。

（5）被测电气设备表面应保护清洁、干燥、无污物，以免漏电影响测量的准确性。

（6）同杆架设的双回路架空线和双母线，当一路带电时，不得测试另一路的绝缘电阻，以防止感应高电压，危害人身安全和损坏仪表；对平行线路也要注意感应高电压，若必须在这种状态下测试时，应采取必要的安全措施。

（7）兆欧表有 E（接地）、L（线路）和 G（保护环或屏蔽端子）三个接线柱。保护环的作用是消除表壳表面 L 与 E 接线柱间的漏电和被测绝缘物表面漏电的影响。在测量电气设备对地的绝缘电阻时，L 用单根导线接设备的待测部位，E 用单根导线接设备外壳，测电气设备内两绕组的绝缘电阻时，将 L 和 E 分别接两绕组接线端。当测量电缆的绝缘电阻时，为消除因表面漏电产生的误差，L 接线芯，E 接外壳，G 接线芯与外壳之间的绝缘层。

（8）线路接好后，按顺时针转动兆欧表发电机手柄，使发电机发出的电压供测量使用。手柄的转速由慢而快，逐渐稳定到其额定转速（一般为 120r/min）允许 20% 的变化，通常要摇动 1min 后，待指针稳定下来再读数。如被测电路中有电容时，先持续摇动一段时间，让兆欧表对电容充电，指针稳定后再读数。测完后先拆去接线，再停止摇动。若测量中发现被测设备短路，指针指向"0"，应立即停止摇动手柄，以免电流过大而损坏仪表。

（9）测量工作一般由两人来完成。兆欧表未停止摇动以前，切勿用手去触及设备的测量部分或兆欧表接线柱。测量完毕，应对设备充分放电，否则容易引起触电事故。禁止在雷电时或附近有高压导体的设备上测量绝缘。

注意事项：

（1）仪表与被测物间的连接导线应采用绝缘良好的多股铜芯软线，而不能用双股绝缘线或绞线，且连接线间不得绞在一起，以免造成测量数据不准。

（2）手摇发电机要保持匀速，不可忽快忽慢地使指针不停地摆动。

（3）测量过程中，若发现指针为零，说明被测物的绝缘层可能击穿短路，此时应停止继续摇动手柄。

（4）测量具有大电容的设备时，读数后不得立即停止摇动手柄，否则已充电的电容将对兆欧表放电，有可能烧坏仪表。

（5）温度、湿度、被测物的有关状况等对绝缘电阻的影响较大，为便于分析比较，记录数据时应反映上述情况。

三、钳形电流表

钳形表是一种可在不断开电路的情况下，实现电路电流、电压、功率等参数测试的一种仪表，如附图 E-5 所示。新型号的钳形表体积小、重量轻、又有与普通万用表相似的用途，所以在电工技术中应用广泛。

钳形表按其测量的参数不同可分为钳形电流表和钳形功率表等。钳形电流表又可分为交流钳形表和直流钳形表。

1. 钳形表的工作原理

专用于测量交流的钳形表实质上是一个电流互感器的变形。位于铁心中央的被测导线相当于电流互感

附图 E-5　钳形电流表

器的一次绕组，绕在铁心上的绕圈相当于电流互感器的二次绕组，通过磁感应使仪表指示出被测电流的数值。现在大多数钳形表还附有测量电压及电阻的端钮。在端钮上接上导线即可测量电压和电阻。

测量交直流的钳形表实质上是一个电磁式仪表，放在钳口中的通电导线作为仪表的固定励磁线圈，在铁心中产生磁通，并使位于铁心缺口中的电磁式测量机构发生偏转，从而使仪表指示出被测电流的数值。由于指针的偏转与电流的种类无关，所以此种仪表可测交直流电流。

2. 钳形电流表的使用方法

（1）由于新型钳形表其测量结果都是用整流式指针仪表显示的，所以电流波形及整流二极管的温度特性对测量值都有影响，在非正弦波或高温场所使用时必须加以注意。

（2）根据被测对象，正确选用不同类型的钳形表。如测量交流电流时，可选用交流钳形电流表（如 F301 型）；测量交直流时，可选用交直流两用钳形电流表（如 MG20 型等）。

（3）测量时，应使被测导线置于钳口中央，以免产生误差。

（4）为使读数准确，钳口的两个面应保证良好接合。如有振动或噪声，应将仪表手柄转动几下，或重新开合一次。如果声音仍然存在，可检查在接合面上是否有污垢存在，如有污垢，可用汽油擦干净。

（5）测量大电流后，如果立即测量小电流，应开、合铁心数次，以消除铁心中的剩磁。

（6）测量前，要注意电流表的电压等级，不得用低压表测量高压电路的电流，否则会有触电的危险，甚至会引起线路短路。

（7）电流表量程要适宜，应由最高挡逐级下调切换至指针在刻度的中间段为止。量程切换不得在测量过程中进行，以免切换时造成二次瞬间开路，感应出高电压而击穿绝缘。必须切换量程时，应先将钳口打开。

（8）测量母线时，最好在相间处用绝缘隔板隔开以免钳口张开时引起相间短路。

（9）有电压测量挡的钳形表，电流和电压要分开进行测量，不得同时测量。

（10）测量时应戴绝缘手套，站在绝缘垫上；不宜测量裸导线；读数时要注意安全，切勿触及其他带电部分，以免触电或引起短路。

（11）测量小于 5A 以下电流时，为了得到较准确的读数，在条件许可时，可把导线多绕几圈放在钳口进行测量，但实际电流数值应为读数除以放进钳口内的导线根数。

（12）从一个接线板引出的许多根导线，而 CT 部分又不能一次钳进所有这些导线时，可以分别测量每根导线的电流，取这些读数的代数和即可。

（13）测量受外部磁场影响很大时，如在汇流排或大容量电动机等大电流负荷附近的测量，要另选测量地点。

（14）重复点动运转的负载，测量时 TA 部分稍张开些就不会因过偏而损坏仪表指针。

（15）读取电流读数困难的场所，测量时可利用制动器锁住指针，然后到读取方便处读出指示值。

（16）每次测量后，应把调节电流量程的切换开关置于最高挡位，以免下次使用时因未选择量程而造成仪表损坏。

（17）钳形电流表应保存在干燥的室内；钳口相接处应保持清洁，使用前应擦拭干净，使之平整、接触紧密，并将表头指针调在"零位"；携带使用时，仪表不得受到震动。

四、螺钉旋具

螺钉旋具（螺丝刀）主要有一字螺钉旋具和十字螺钉旋具两种，如附图 E-6 所示。

附图 E-6　螺丝刀

（1）使用方法。使用时，一只手握住螺钉旋具，手心抵住柄端，使螺钉旋具与螺钉同轴，压紧后用手腕扭转，松动后用手心轻压螺钉旋具，用拇指、中指、食指快速扭转。使用长杆螺钉旋具，可用另一只手协助压紧和拧动手柄。

（2）使用注意事项。螺钉旋具端口应与螺钉槽口大小、宽窄、长短相适应，端口不得残缺，以免损坏槽口和刀口。不准将旋具当錾子使用。不准将螺钉旋具当撬杠使用。不可在螺钉旋具口端用扳手或钳子增加扭力，以免损坏螺钉旋具杆。

使用螺丝刀时，注意以下几方面：

1）螺丝刀较大时，除大拇指、食指和中指要夹住握柄外，手掌还要顶住柄的末端以防旋转时滑脱。

2）螺丝刀较小时，用大拇指和中指夹着握柄，同时用食指顶住柄的末端用力旋动。

3）螺丝刀较长时，用右手压紧手柄并转动，同时左手握住起子的中间部分（不可放在螺钉周围，以免将手划伤），以防止起子滑脱。

注意事项：

（1）带电作业时，手不可触及螺丝刀的金属杆，以免发生触电事故。

（2）作为电工，不应使用金属杆直通握柄顶部的螺丝刀。

（3）为防止金属杆触到人体或邻近带电体，金属杆应套上绝缘管。

五、试电笔

试电笔又称验电笔、低压验电器，由氖管、电阻、弹簧、笔身和笔尖等组成，如附图 E-7 所示。

附图 E-7　试电笔

（a）普通试电笔；（b）数显试电笔

使用时，必须手指触及笔尾的金属部分，并使氖管小窗背光且朝自己，以便观测氖管的亮暗程度，防止因光线太强造成误判断，其使用方法如附图 E-8 所示。

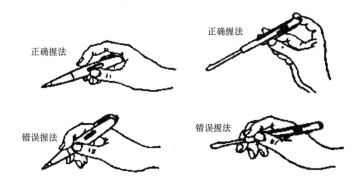

正确握法　　正确握法

错误握法　　错误握法

附图 E-8　试电笔的握法

当用电笔测试带电体时，电流经带电体、电笔、人体及大地形成通电回路，只要带电体与大地之间的电位差超过 60V 时，电笔中的氖管就会发光。低压验电器检测的电压范围为 60～500V。

在使用试电笔时应注意：

（1）使用前，必须在有电源处对验电器进行测试，以证明该验电器确实良好，方可使用。

（2）验电时，应使验电器逐渐靠近被测物体，直至氖管发亮，不可直接接触被测体。

（3）验电时，手指必须触及笔尾的金属体，否则带电体也会误判为非带电体。

（4）验电时，要防止手指触及笔尖的金属部分，以免造成触电事故。

试电笔的作用：

（1）区别电压高低。测试时可根据氖管的发光强弱来估计电压的高低。

（2）区别相线及零线。在交流电路中，当验电器触及导线时，氖管发光的即为相线，正常情况下，触及零线是不会发光的。

（3）区别直流电与交流电。交流电通过验电器时，氖管里的两个极同时发光；直流电通过验电器时，氖管里的两个极只有一个极发光。

（4）区别直流电的正负极。把验电器连接在直流电的正、负极之间，氖管中发光的一极即为直流电的负极。

（5）识别相线碰壳。用验电器触及电动机、变压器等电气设备外壳，氖管发光，则说明该设备相线有碰壳现象。如果壳体上有良好的接地装置，氖管是不会发光的。

（6）识别相线接地。用验电器触及正常供电的星形接法三相三线制交流电时，有两根比较亮，而另一根的亮度较暗，则说明亮度较暗的相线与地有短路现象，但不太严重。如果两根相线很亮，而另一根不亮，则说明这一根与地肯定短路。

六、电工刀

电工刀是用来剥削电线线头、切割木台缺口、削制木样的专用工具，如附图 E-9 所示。

附图 E-9　电工刀

在使用电工刀时，应注意：

（1）不得用于带电作业，以免触电。

（2）应将刀口朝外剖削，并注意避免伤及手指。

（3）剖削导线绝缘层时，应使刀面与导线成较小的锐角，以免割伤导线。

（4）使用完毕，随即将刀身折进刀柄。

七、剥线钳

剥线钳是专用于剥削较细小导线绝缘层的工具，其外形如附图 E-10 所示。

使用剥线钳剥削导线绝缘层时，先将要剥削的绝缘长度用标尺定好，然后将导线放入相应的刀口中（比导线直径稍大），再用手将钳柄一握，导线的绝缘层即被剥离。

附图 E-10　剥线钳

八、钢丝钳

钢丝钳有铁柄和绝缘两种。绝缘柄为电工用钢丝钳，常用的规格有 150、175、200mm 三种，如附图 E-11 所示。

钢丝钳在电工作业时，用途广泛。

钳口可用来弯绞或钳夹导线线头，齿口可用来紧固或起松螺母，刀口可用来剪切导线或钳削导线绝缘层，侧口可用来铡切导线线芯、钢丝等较硬线材。钢丝钳各用途的使用方法如附图 E-12 所示。

附图 E-11　钢丝钳

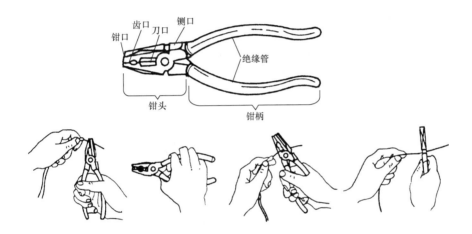

附图 E-12　钢丝钳各用途的使用方法

（1）电工钢丝钳的构造和用途。电工钢丝钳由钳头和钳柄两部分组成。钳头由钳口、齿口、刀口和铡口四部分组成。钢丝钳用途很多，钳口用来弯绞和钳夹导线线头，齿口用来紧固或起松螺母，刀口用来剪切或剖削软导线绝缘层，铡口用来铡切电线线芯、钢丝或铅丝等较硬金属丝。

（2）使用电工钢丝钳的安全知识：

1）使用前必须检查绝缘柄的绝缘是否良好。绝缘如果损坏，进行带电作业时会发生触电事故。

2）剪切带电导线时不得用刀口同时剪切相线和零线，或同时剪切两根相线，以免发生短路事故。其注意事项如下：

a）使用前，检查钢丝钳绝缘是否良好，以免带电作业时造成触电事故。

b）在带电剪切导线时，不得用刀口同时剪切不同电位的两根线（如相线与零线、相线与相线等），以免发生短路事故。

九、尖嘴钳

尖嘴钳因其头部尖细，如附图 E‑13 所示，适用于在狭小的工作空间操作。

尖嘴钳可用来剪断较细小的导线，可用来夹持较小的螺钉、螺帽、垫圈、导线等，也可用来对单股导线整形（如平直、弯曲等）。若使用尖嘴钳带电作业，应检查其绝缘是否良好，并在作业时金属部分不要触及人体或邻近的带电体。

附图 E‑13 尖嘴钳

尖嘴钳也有铁柄和绝缘柄两种，绝缘柄的耐压为 500V。尖嘴钳的用途如下：

（1）带有刀口的尖嘴钳能剪断细小金属丝。

（2）尖嘴钳能夹持小螺钉、垫圈、导线等元件。

（3）在装接控制线路时，尖嘴钳能将单股导线弯成所需的各种形状。

十、斜口钳

斜口钳专用于剪断各种电线电缆，如附图 E‑14 所示。

对粗细不同、硬度不同的材料，应选用大小合适的斜口钳。

斜口钳又称断线钳，钳柄有铁柄、管柄和绝缘柄三种。其中电工用的绝缘柄断线钳的耐压为 500V，是专供剪断较粗的金属丝、线材及导线电缆时用的。

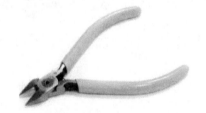

附图 E‑14 斜口钳

附录 F　消防安全标准

一、总则

（1）单位的主要负责人是本单位的消防安全责任人，对本单位的消防安全工作全面负责。

（2）实行并落实逐级和岗位消防安全责任制，明确逐级和岗位消防安全职责，确定各级、各岗位的消防安全责任人。

（3）消防安全管理人、消防工作归口管理职能部门及专（兼）职消防管理人员，具体负责实施和组织落实本单位的消防安全工作。

（4）制定符合单位实际的消防安全管理制度、保障消防安全的操作规程和年度消防工作计划并公布实施；单位组织开展防火巡查、防火检查、火灾隐患整改、消防安全教育培训、灭火和应急疏散演练等工作情况的记录齐全。

（5）定期召开消防安全例会，防火委员会每季度召开一次，基层单位每月不宜少于一次，处理涉及消防安全的重大问题，研究、部署、落实本单位的消防安全工作计划和措施，并应形成会议纪要或决议。

（6）通过多种形式开展消防安全宣传与培训。对每名员工的集中消防培训至少每半年组织一次；新上岗员工必须进行上岗前的消防培训；消防安全管理人、消防控制室值班员和消防设施操作维护人员应经过消防安全教育培训，持证上岗。

（7）员工熟悉本岗位操作过程的火灾危险性，掌握消防基本知识和防火、灭火基本技能，定期开展灭火和应急疏散演练，火灾时履行扑救火灾和引导人员疏散的义务。

（8）建立健全单位消防安全管理档案。

二、消防安全责任和职责

1. 单位消防安全职责

（1）落实消防安全责任，明确本单位的消防安全责任人和逐级消防负责人。

（2）制定消防安全管理制度和消防安全的操作规程。

（3）开展消防法规和防火安全知识的宣传教育，对员工进行消防安全教育和培训。

（4）定期开展防火巡查、检查，及时消除火灾隐患。

（5）保障疏散通道、安全出口、消防车通道畅通。

（6）确定各类消防设施的操作维护人员，保障消防设施、器材以及消防安全标志完好有效，处于正常运行状态。

（7）组织扑救初起火灾，疏散人员，维持火场秩序，保护火灾现场，协助火灾调查。

（8）确定消防安全重点部位和相应的消防安全管理措施。

（9）制定灭火和应急疏散预案，定期组织消防演练。

（10）建立防火档案。

2. 消防安全责任人职责

（1）贯彻执行消防法规，保障单位消防安全符合规定，掌握本单位的消防安全情况，全面负责本单位的消防安全工作。

（2）统筹安排生产、经营、科研等活动中的消防安全管理工作，批准实施年度消防工作计划。

（3）为消防安全管理提供必要的经费和组织保障。

（4）确定逐级消防安全责任，批准实施消防安全管理制度和保障消防安全的操作规程。

（5）组织防火检查，督促整改火灾隐患，及时处理涉及消防安全的重大问题。

（6）根据消防法规的规定建立专职消防队或义务消防队，并配备相应的消防器材和装备。

（7）针对本单位的实际情况组织制定灭火和应急疏散预案，并实施演练。

3. 消防安全管理人职责

（1）拟订年度消防安全工作计划，组织实施日常消防安全管理工作。

（2）组织制订消防安全管理制度和保障消防安全的操作规程，并检查督促落实。

（3）拟订消防安全工作的资金预算和组织保障方案。

（4）组织实施防火检查和火灾隐患整改。

（5）组织实施对本单位消防设施、灭火器材和消防安全标志的维护保养，确保其完好有效和处于正常运行状态，确保疏散通道和安全出口畅通。

（6）组织管理专职消防队或义务消防队。

（7）组织员工开展消防知识、技能的教育和培训，组织灭火和应急疏散预案的实施和演练。

（8）定期向消防安全责任人报告消防安全情况，及时报告涉及消防安全的重大问题。

（9）消防安全责任人委托的其他消防安全管理工作。

4. 基层单位消防安全责任人职责

（1）组织实施本单位的消防安全管理工作计划。

（2）根据本单位的实际情况开展消防安全教育与培训，制订消防安全管理制度，落实消防安全措施。

（3）按照规定实施消防安全巡查和定期检查，管理消防安全重点部位，维护本单位的消防设施。

（4）及时发现和消除火灾隐患，不能消除的，应采取相应措施并及时向消防安全管理人报告。

（5）发现火灾及时报警，并组织人员疏散和扑救初期火灾。

5. 消防专（兼）职岗位职责

（1）认真贯彻《消防法》和有关防火技术规范，负责制定消防安全管理制度、措施，并组织实施。

（2）组织指导对全体员工进行消防安全教育培训，负责审定关键生产装置和要害生产部位的灭火应急预案，组织指导义务消防队每年至少演练两次。

（3）负责消防器材、设施的监督管理，保证消防器材配备齐全、设施完好。负责防雷、防静电设施的监督管理。

（4）参加新建、扩建及技术改造工程消防设计的"三同时"审查和竣工验收。

（5）组织消防安全检查，对火险隐患提出治理方案和整改计划。

（6）审查工业动火的防范措施，按等级按程序审批动火作业计划书，到现场进行监护、检查和指导。

（7）查处违章行为，组织参加火灾扑救，进行火灾事故调查，提出初步处理意见。

（8）完善防火和要害部位管理的各项基础资料，按时、准确向上级部门传递业务信息，不断加强业务报告工作。

6. 消防控制室值班员职责

（1）熟悉和掌握消防控制室设备的功能及操作规程，按照规定测试自动消防设施的功能，保障消防控制室设备的正常运行。

（2）对火警信号应立即确认，火灾确认后应立即报火警并向本单位消防主管人员报告，随即启动灭火和应急疏散预案。

（3）对故障报警信号应及时确认，消防设施故障应及时排除，不能排除的应立即向本单位主管人员或消防安全管理人报告。

（4）不间断值守岗位，做好消防控制室的火警、故障和值班记录。

7. 消防设施操作维护人员职责

（1）熟悉和掌握消防设施的功能和操作规程。

（2）按照管理制度和操作规程等对消防设施进行检查、维护和保养，保证消防设施和消防电源处于正常运行状态，确保有关阀门处于正确位置。

（3）发现故障应及时排除，不能排除的应及时向上级主管人员报告。

（4）做好运行、操作和故障记录。

8. 值班、保卫人员职责

（1）按照本单位的管理规定进行防火巡查，并做好记录，发现问题应及时报告。

（2）发现火灾应及时报火警并报告主管人员，实施灭火和应急疏散预案，协助灭火救援。

（3）劝阻和制止违反消防法规和消防安全管理制度的行为。

9. 电气焊工、电工、易燃易爆化学物品操作人员职责。

（1）执行有关消防安全制度和操作规程，履行审批手续。

（2）落实相应作业现场的消防安全措施，保障消防安全。

（3）发生火灾后应立即报火警，实施扑救。

三、消防组织

（1）消防安全职责部门和义务消防队等应履行相应的职责。

（2）消防安全职责部门应由消防安全责任人或消防安全管理人指定，负责管理本单位的日常消防安全工作，督促落实消防工作计划，消除火灾隐患。

（3）应根据需要建立专职消防队。

（4）人员密集场所和易燃易爆场所应组建义务消防队，义务消防队员的数量不应少于本单位从业人员数量的60%。

四、消防安全制度

单位消防安全制度主要包括以下内容：消防安全教育、培训制度；防火巡查、检查制度；安全疏散设施管理制度；应急救援控制中心管理制度；消防设施、器材维护管理制度；火灾隐患整改制度；用火、用电安全管理制度；易燃易爆危险物品和场所防火防爆制度；义务消防队的组织管理制度；灭火和应急疏散预案演练制度；燃气和电气设备的检查和管理制度；生产安全事故的报告和调查处理制度；消防安全工作考评和奖惩制度等必要的消防安全制度。

【拓展阅读　"十次触电，九次电工"——为什么受伤的总是我】

2020 年，江苏一家电气公司发生了一起触电事故，一名老电工在作业时不慎触电身亡。当时在江阴万鑫电气有限公司的装配车间内，车间主任秦师傅和公司主管生产的吴经理正在对一台刚组装好的动力配电柜进行出厂前调试。秦师傅发现这台配电柜的一个指示灯不亮，吴经理查明原因是指示灯后面的电源线接触不良，就安排工人重新接电源线。正在工人快要接好电源线的时候，秦师傅突然走到设备后方操作，事故就在顷刻间发生了。

"十次触电，九次电工"——为什么受伤的总是我

事故发生后，吴经理迅速关闭操作试验台电源开关，并拨打 120 电话，为秦师傅做心脏复苏，但遗憾的是，秦师傅经送医抢救无效死亡。那么作为一名已经工作多年、经验丰富的老电工，秦师傅为什么会触电呢？事后，公司调取了现场的监控录像，才查明了秦师傅触电的真正原因。原来，在没有事先关闭操作试验台电源开关的情况下，秦师傅徒手握住的两个鳄鱼夹处于通电状态，带电 380V，并且由于鳄鱼夹上的绝缘面积较小，最终导致了惨剧的发生。

都说"十次触电，九次电工"，只是，为什么受伤的总是电工呢？其实原因不外乎以下几点：

1. 单凭经验工作

电工由于受过电气安全知识与技能训练，往往会因此而麻痹大意，单凭经验去工作。在操作或检修电气设备时，不严格按照规程办事，以致酿成事故。

2. 缺乏多方面的电气知识

电气设备多而繁杂，有变配电、继电保护、电机拖动装置及食品仪表等，他们都各有其结构特性和安全要求。每个电工很难对所有方面都熟悉，对新工人来说更是如此，认为原理知识都差不多，最后造成触电。

3. 贪图方便，不按规程操作

如车间装接照明灯或其他负荷时，有时电工为贪图方便就借用其他设备上的中性线。在检修该设备时，尽管已拉开开关，但设备上仍会有电串入而引发触电。因生产或检修需要而敷设临时线，有的电工认为反正是临时用电，随便用破旧电线应付使用，敷线时又不严格按照要求，这些隐患都是酿成触电的原因。

4. 不利环境

安装在有导电介质和酸、碱液等腐蚀介质以及潮湿、高温等恶劣环境中的导线、电

缆及电气设备，其绝缘容易老化、损坏，还会在设备外层附着一层带电物质而造成漏电。此外，在狭窄或光线昏暗的场所检修电气设备时，更易发生触电。

5. 绝缘能力降低或火线碰壳

电气设备陈旧或其绝缘老化、受潮，在较大振动的场所或经常要移动的设备，都容易发生漏电或火线碰壳。当触及这些设备而又无保护措施时，便会引起触电。较常见的是在携带式电动工具上发生的触电事故。此外，电气设备均应采取保护接零或保护接地措施，但实际上，有的接线很不规范。

6. 电气设备维护保养不善

电气设备要经常维护保养，尤其是安装在恶劣环境的电气设备，若不做好经常性的维护保养工作，便极易造成绝缘老化，对设备接零、接地系统维护不善，会造成中性线断路，接零接地失效；电机绝缘或接线破损会使外带电；对铜铝过渡接头不加维护，会因接头过热而发生事故；对已损坏的电气设备零部件，如刀闸的胶盖、刀开关的灭弧罩、熔断器的插件、移动设备的电源线等，若不及时更换则极易引起触电；电线接头处用绝缘胶布缠绕，天长日久便会失去黏性，使接头裸露，误碰后即会造成触电。

因此，良好的工作习惯非常重要。树立职业安全意识和安全操作理念，加强安全教育学习，正确使用安全防护用具是增强安全生产责任心最重要的环节。因此，作业期间千万不要疏忽大意，要时刻注意操作安全，否则再厉害的高手也会出现意外。

（资料来源：《老电工触电身亡，竟是因为……》，搜狐网，2020 年 11 月 4 日，有改动）

【思考与讨论】

1. 结合材料，谈谈造成安全事故的原因都有哪些。

2. 如何理解"没有职业安全意识干不好任何工作"这句话？

参 考 文 献

［1］尹向东. 继电接触线路的安装调试与维修［M］. 北京：中国电力出版社，2015.

［2］俞秀金. 机电设备控制技术与应用［M］. 北京：中国电力出版社，2015.

［3］李树元，孟玉茹. 电气设备控制与检修［M］. 北京：中国电力出版社，2016.

［4］张桂琴，于奔淼. 电气控制线路安装与检修［M］. 北京：清华大学出版社，2017.

［5］赵红顺，莫莉萍. 电机与电气控制技术［M］. 北京：高等教育出版社，2019.

［6］王民权，王文卉. 电机与电气控制（微课版）［M］. 北京：清华大学出版社，2020.

［7］秦贞龙，高娟，胡延波. 机床电气控制系统安装与调试［M］. 北京：清华大学出版社，2021.

［8］潘毅. 典型机床电气线路的安装与调试［M］. 北京：中国电力出版社，2023.

［9］国家职业技能等级认定培训教材. 电工（中级）［M］. 北京：中国劳动社会保障出版社，2023.